목재와 환경

-환경과 조화하고 환경에 부담이 적은 친환경재료로 초대-

桑原 正章(Masaaki Kuwahara) 편저

김 현 중 · 이 동 흡 공역

선 진 문 화 사

역자 서언

세계가 급속하게 성장하면서 지구환경과 우리들의 생활양식도 '대량생산, 대량소비, 대량폐기', 소위 개방적 자원이용이라는 형태로 바뀌어 왔다. 이와 같은 환경의 변화로 세계의 기후도 바뀌어 왔으며, 지구환경에 초래한 영향은 환경의 복원이 불가능할 정도로 심각해졌다. 세계는 이러한 기상이변을 막고자하는 노력이 시작되었고, 그 대안으로 '기후변화협약'을 만들었으며, 이를 실천하고자 교토의정서(온실가스 규제 조약)가 채택되어 2005년 2월에 발효되었다.

인간의 생활에 사용되고 있는 다양한 재료를 보면, 콘크리트 건물 또는 플라스틱제의 도구에서 대표되는 것처럼, 어디까지나 견고하고 단단하며 분해나 변질이 적은 것으로의 개발이 진행되어 왔다. 또 기능성만을 추구해 온 결과, 토양오염이나 오존층 파괴를 초래하는 화합물이 수많이 제조되고, 그 처리가 문제가 된다는 것은 잘 알려져 있다. 현재는 환경과 인간생활의 조화를 생각할 중요한 시기에 있다고 말해도 좋을 것이다. 부존자원이 거의 없고 에너지 다소비형 산업구조를 가진 우리로서는 무엇보다 대체 에너지를 개발하는 것과 산업구조를 환경친화적으로 바꿔나가는 것이 급선무일 것이다.

일반인들에게 목재에 대한 사용 및 활용에 대하여 극히 제한적인 내용만을 숙지하고 있는 것도 사실일 것이다. 이 책에서도 서술하고 있듯이, 목재에 대한 이해를 증진시키는 목적과 함께 목재를 활용함으로써 얻어지는 효과들에 대하여 소개하고 있다. 보다 자연친화적이고 급변하는 지구환경에 친화적인 재료의 보급 확대가 절실히 요구되는 선환점일 것이다.

이 책의 내용에 있어서 초점이 되고 있는 「eco-material 환경재료」 혹은 「ecological material 생태재료」라는 용어를 많이 사용하고 있다. 이는 환경과 조화하고 환경에 부담이 적은 재료를 말한다. 이를 역자들은 생태재료와 친환경재료의 사이에 고심 끝에 친환경재료로 요약하기로 하였다. 이 책은 몇 가지 초점을 맞추어 서술하고 있으며, 그 내용들은 다음과 같다. 천연재료이면서 탄소고정용으로써의 목재에 대한 성질을 생태학, 화학, 물리학이라는 기초적인 관점뿐만 아니라 실용적인 면에서 서술하고 있다. 아울러, 이 책에서는 자연계에서의 탄소 순환과 목재, 수목의 CO_2에 대한 고정 장치, 목재의 eco-material로서 특성을 화학적 해명, 환경복합재료로서의 목재, 자연순환계와 목재 그리고 흰개미의 역할, 목재의 재활용 시스템 등을 중심으로 소개하고 있다.

일본 교토대학교의 목질과학연구소에서 개최한 「공개강좌」라는 일반인들을 대상으로 하는 「목재와 환경-eco-material로의 초대」의 내용을 정리하여 출판한 것으로 독자들에게 많은 유익한 정보가 되기를 바란다.

이 책을 번역 정리하면서, 한국어 번역을 승낙하여 준 海青社 관계자님과, 출판을 마다하지 않고 허락하여 주신 선진문화사 양희돌 사장님께 깊은 감사를 드린다.

2006년 8월 무더운 여름에

역자 김현중, 이동흡

저자 머리말

지금까지 우리들의 생활은 '대량생산, 대량소비, 대량폐기', 소위 개방적 자원이용이라는 형태를 취해 왔다. 이 같은 라이프스타일이 지구환경에 초래한 영향은 환경의 복원이 불가능할 정도로 심각해졌다. 한편, 인간의 생활에 사용되고 있는 다양한 재료를 보면, 콘크리트 건물이나 모두 플라스틱제의 도구로 대표되는 것처럼, 어디까지나 견고하고 단단하며 분해나 변질이 적은 것으로의 개발이 진행되어 왔다. 또 기능성만을 추구해 온 결과, 토양오염이나 오존층 파괴를 초래하는 화합물이 수많이 제조되고, 그 처리가 문제가 된다는 것은 잘 알려져 있다. 현재는 환경과 인간생활의 조화를 생각할 중요한 시기에 있다고 말해도 좋을 것이다.

이 책의 키워드가 되고 있는 「환경재료」 혹은 「생태재료」라는 말을 최근에 자주 접하게 되었다. 물론 「eco」는 생태, 「material」은 재료를 의미하고 있다. 「eco-material」은 「환경과 조화하며, 환경에 부담이 적은 재료」라고 정의된다. 또 「환경과 조화하다」라는 의미를 자세히 말하면 「그 제조에서 사용, 재활용, 폐기까지의 전 과정에서, 에너지 소비가 적다」라는 것이 된다.

목재는 가장 전형적인 「eco-material」이라고 불리고 있다. 그 이유는 본서 속에서 자세히 설명하고 있지만, 「eco-material」라 불리는 재료는 물론 목재만은 아니다. 위에 서술한 조건을 만족하는 재료라면 그 어떤 재료라도 가능하다. 따라서 연구하는 이에 따라 목적이나 소재가 가지각색이다. 예를 들면 식유로 만든 플라스틱의 내체품으로써 기대되는 「생분해성 플라스틱」이나 오존층 파괴를 초래하는 프레온 대신 제2의 화합물 등도 eco-material로 취급된다. Eco-material로서 가지각색의 많은 화합물이나 재료가 개발될 것이라고 기대하고 있다.

그러나 목재의 중요한 점은 목재는 인류가 도구를 사용하고 또 집을 짓기 시작한 이래 친숙해져 왔던 재료이고, 나아가 '사람의 정서와 공감하는 독특한 성질을 갖고 있다'라는 것이다. 또한 이용이 끝나면 자연으로 돌아가, 자연의 힘에 의해 목재로 재생되어 온다. 이 의미에서도 목재는 앞으로도 인류의 생활에 이용되는 근간이 되는 재료로 계속 존재할 것이다.

본서는 1993년 10월에 행해진 「京都대학교 공개강좌」의 「목재와 환경-eco-material로의 초대」의 내용을 보충해서 정리한 것이다. 목재의 친환경재료(eco-material)로서의 성질을 생태학, 화학, 물리학이라는 기초적인 관점에서 뿐만 아니라 '새로운 재료를 개발한다'라는 실용적인 면에서도 서술하고 있다. 독자 여러분이 더욱 더 목재에 친숙해 지기를 집필자 일동은 절실히 기대하고 있다.

이 책을 정리할 즈음, 각 방면에서 자료 제공을 받았다. 또한 海青社의 宮内 久사장님에게는 상세한 부분에 걸쳐 조언을 받았으며 감사의 뜻을 표한다.

차 례

제 1 장 자연계에서의 탄소 순환과 목재

목재의 이용은 주택 등의 건축물이나 가구・세간 등의 가공품, 혹은 이들의 원재료, 종이, 그 외 화학 가공품, 연료 등 다양한 이용 형태가 있다. 이것은 목재의 출발 재료인 수목과 더불어 지구상의 탄소 순환에 관여하는 「탄소의 저장고」라 볼 수 있다. 이 장에서는 목재의 「eco-material의 특성」, 즉 「친환경재료 특성」을 지구의 탄소 순환계 관점에서 생각해 보자.

1. 임산자원의 특징

본 서의 부제목에도 있듯이 목재는 「친환경재료」이다. 이에 대한 이유를 명확히 하기 위해 여기에서는 목재 혹은 임산자원의 특징에 대해서 서술하고자 한다.

바이오매스(biomass, 생물체량) 목재는 지구상에서 가장 대량으로 생산되는 「biomass, 생물체량」이라고 일컬어진다. 「bio」는 생물, 「mass」는 집적된 것으로 이 둘을 합하여 생물량, 생체량, 혹은 생물체량을 의미한다. 일본 공업규격(JIS K-3600-1188)에서는 생물체량을 「지구생문권의 물질순환계에 포함된 생물체 또는 생물체에서 파생하는 유기물의 집적」이라고 정의 한다. 구체적으로 말하면 생물체량은 수목・목재 이외의, 작물, 잡초, 조류, 플랑크톤, 어류, 가축, 혹은 이들의 잔재 등과 같이 생물로부터 유래하는 자원은 물론 생산물이나 폐기물 모두가 이에 해당되는 물질이다.

목재는 재생이 가능한 자원 생물체량은 광합성으로 합성되는 식물체를 그 출발물질로 하고 있다. 예를 들면 동물이라도 목초, 곡물 등의 식물로부터 얻어지는 것을 사료로 하고 있기 때문에, 식물체를 출발물질로 생각할 수 있다. 식물은 그 성분을 CO_2(이산화탄소)와 물로부터 빛 에너지를 이용해서 합성(광합성)하고 있기 때문에, 생물체량의 가장 중요한 성질은 '재생산이 가능하다'라는 것이다. 또 수목의 생산 사이클이 정상적으로 지속되면 자원이 일정의 수준에서 계속 공급되기 때문에 지속가능한 자원이 된다. 그러므로 수목이나 목재 등의 임산물도 당연히 생물체량의 일종이다. 수목은 목재나 그 외의 생산물로 가공되어 이용된다. 이 과정에서 발생하는 다양한 폐기물을 자연에 방치하면 흰개미, 목재부후균, 세균 등에 의한 생물적인 분해에 의해 CO_2를 재생산한다. 또 연료로서도 이용할 수 있지만, 연소에 의해서도 CO_2가 발생한다. CO_2는 지구상의 탄소 순환계에서는 다시 광합성에 이용되어 수목이 생산되도록 한다. 이 과정을 그림 1-1에 나타내었다.

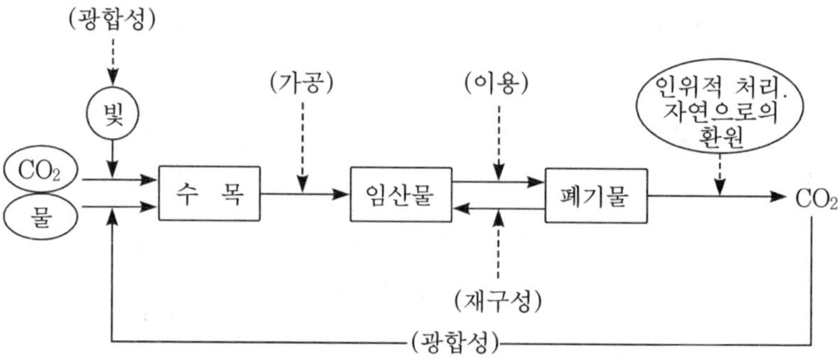

그림 1-1. 임산자원 이용과 CO_2순환의 방법

이처럼 목재의 이용이 다른 자원의 이용과 크게 다른 점은 자기 완결적이라는 것이다. 이점이 목재 혹은 목질을 환경 파괴나 오염을 초래하지 않는 재료, 즉「친환경재료」라고 부르는 이유이다. 임산자원의 이용에 있어서, 산림의 조성과 이용의 효율화는 톱니바퀴처럼 서로 잘 맞물려 돌아가야 한다. 그러므로 자원의 효율적 이용이라 함은 자원을 낭비 없이 이용하는 것이나 폐기물을 재이용하는 것을 의미한다.

'목재만들기'란 산림에서 수목을 벌채하는 것을 의미한다. 지금까지 자원의 이용만을 생각하고 산림을 조성하는 데는 노력이 불충분했다. 이 대한 반성에서 동남아시아 국가는 열대우림의 재생을 대규모로 시도하고 있다(그림 1-2).

그림 1-2. *Acacia mangium*의 조성림
(식재 3년 상태, 인도네시아, 보르네오 섬)

2. 지구상에서 탄소 순환의 큰 흐름

여기에서는 목재를 만들어 내는 산림은 탄소 순환에서 어떠한 역할을 하고 있는지를 살펴보자.

대기 속의 CO_2 지구상의 탄소는 대기, 해양 및 지상에 있어서 유기물이나 혹은 무기물의 형태로 존재한다. 다시 말하면, 각각의 환경

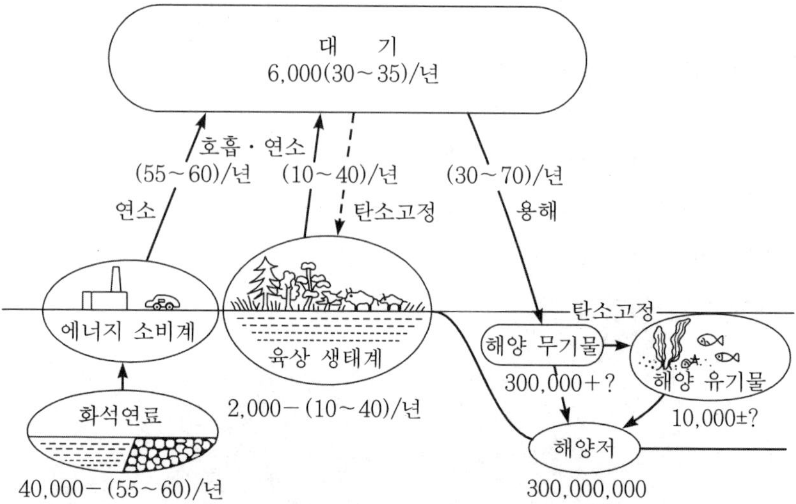

그림 1-3. 지구적 규모에서의 탄소수지(단위 : 억 톤)
(지구환경공학 Handbook(Ohm社)의 데이터를 기초로 작성)

이 탄소의 저장고로서의 역할을 하고 있다. 저장고 내의 탄소 양이나 움직임에 대해서는 몇 가지의 모델에 제안되어 있지만, 그 중 하나를 나타낸 것이 그림 1-3이다. 이 그림에 나타냈듯이 해양은 '탄소의 가장 큰 저장고'라고 생각할 수 있고 석유 · 석탄 등의 화석 연료가 그 다음 순이다. 대기 중에는 탄소로서 약 0.03%의 CO_2가 존재하기 때문에 대기도 탄소의 큰 저장고라 할 수 있다. 대기 중 탄소의 현존량에 대해서 여러 가지 수치가 제안되어 있지만, 대략 6천~7천억 톤이라 되어 있다. 화석연료의 소비나 벌채로 의한 삼림면적의 감소로 인하여 대기 속의 CO_2량이 증가하고 있고 이것을 지구온난화 원인의 하나로 여겨지고 있다.

삼림의 역할 육상에서 탄소의 가장 큰 저장고인 삼림의 역할을 조금 더 자세히 보기로 하자. 삼림은 삼림을 구성하고 있는 수목의 광합성에 의한 CO_2의 고정반응과 호흡에 의한 CO_2의 방출반응이라는 양

면작용을 갖고 있다. 뒤에서 자세히 서술하겠지만, 수목의 낙엽이나 유기체는 동물이나 미생물에 의해 분해되어 CO_2를 발생한다. 삼림이 정상으로 유지되어 수목이 성장하는 한 이러한 흡수·방출작용은 탄소가 고정되는 방향으로 진행된다. 삼림에서의 탄소 이동 모양을 그림 1-4에 나타내었다. 그러나 최근 삼림벌채에 의한 열대우림의 소실과 경작지나 초지의 사막화에 의해 육상 식물계 전체의 탄소 축적은 마이너스로 바뀌고, 그림 1-3에도 나타나듯이 매년 10~40억 톤의 탄소가 대기 중에 방출되고 있다. 또한 1980년대 후반에는 화석연료의 연소에 의해 매년 55~60억 톤의 탄소가 방출된다고 알려져 있다.

현재 CO_2와 메탄의 증가에 의한 지구온난화 현상이 큰 환경문제가 되고 있지만, 이 문제의 해결에는 CO_2축적 원인 해명이 중요하며, 구체적으로는 화석연료 소비의 억제와 함께 삼림의 조기 육성과 임산물의 효율적인 이용이 필요하다.

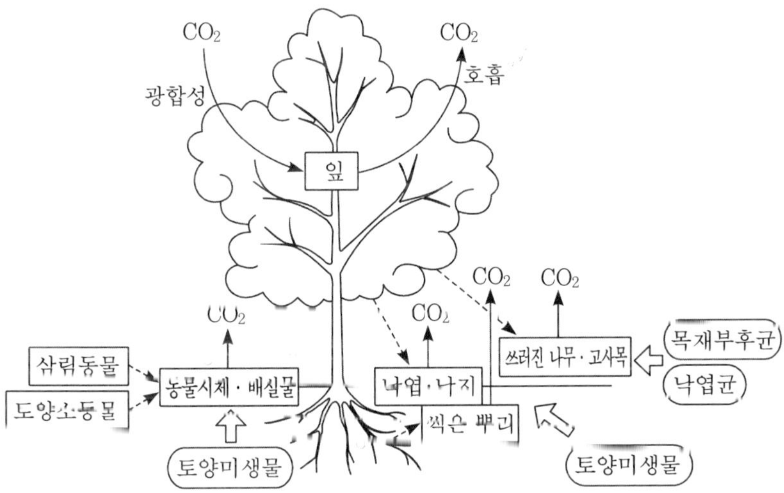

그림 1-4. 삼림에 의한 CO_2흡수와 방출

칼럼-1. 지구온난화와 온실효과 가스

「지구온난화」라는 것은 대기 중의 CO_2 등의 가스 농도가 높아지는 것에 의해 지표나 대기 하층부분의 온도가 상승하는 현상을 말하며, 「온실효과」라는 말로도 표현되고 있다. 태양 에너지가 지구에 도달하면 그 일부는 반사되어 우주로 방출되지만, 대부분은 지표에 도달해서 지구를 따뜻하게 하며, 에너지 일부는 적외선으로 지구로부터 방출된다. 이 때, 일부는 대기 속의 CO_2 등의 기체에 흡수되어 지표나 대기를 따뜻하게 한다. 이 과정을 그림으로 나타내었다. CO_2의 작용에 대해서는 제2장 「수목은 CO_2의 고정 장치」, 제5장 「환경복합재료로서의 목재」의 「지구온난화와 수목」항목에도 설명되어 있다. CO_2처럼 적외선을 흡수하는 활동을 하는 기체를 온실효과 가스라 부른다.

그런데 온실효과 가스는 CO_2에 제한되어 있지 않다. CO_2에 의한 지구온난화 효과는 전체의 55% 정도라고 알려져 있다. CO_2 이외에는 프레온, 메탄가스(CH_4), 아산화질소(N_2O) 등이 있다. 프레온은 냉장고나 에어컨 등의 냉매로 사용되거나 스프레이의 충전제 등으로 사용되고 있지만, 최근에는 사용이 금지되거나, 혹은 제한되었고 대체품의 개발이 활발히 진행되고 있다. 메탄가스는 유기물이 산소가 없는 상태에 놓아졌을 때에 염기성 미생물 작용에 의한 발효 과정에서 생성된다. 오염된 하천이나 늪이 발생원이 된다. 또한 소와 같은 반추동물의 소화기관에도 메탄을 생성하는 미생물이 번식하고 있으며, 또한 메탄가스는 이들 동물의 트림 속에 고농도로 포함되어 있다. 나아가 제7장 「나무의 자연 순환계와 흰개미」에서도 언급되지만, 흰개미의 장 내에도 역시 메탄가스를 만드는 미생물이 존재하는 것을 알 수 있다. 이같이 CO_2처럼 인위적으로 발생하는 온실효과 가스 외에 생물의 생명활동에 따라서도 온실효과 가스를 발생하는 것은 매우 흥미로운 일이다. 아산화질소는 질소 비료가 밭이나 논에 뿌려진 후, 토양 미생물에 의해 발생하며 석유나 석탄의 연소가스 속에도 포함되어 있다.

이처럼 온실효과 가스도 사람의 노력에 의해 저감될 수 있는 부분이 있는 반면, 생물의 작용에 의해 필연적으로 발생하는 부분도 있는 것이다.

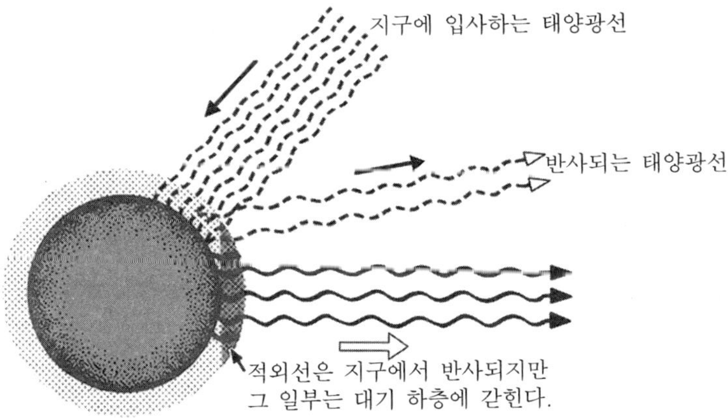

온실효과가 발생되는 과정(J・레겟「地球溫暖化への挑戰」에서)

◈ 참고도서 ◈

1. J・레겟 편저, 西岡秀三 외 역「地球溫暖化への挑戰」다이아몬드사, 1991년
2. 電力中央研究所 地球環境研究그룹 편「지구를 지키는 테크놀로지」, 1991년

3. 탄소 순환에 관여하는 생물의 역할

삼림 속의 목질이나 목재는 분해되어 CO_2로 돌아간다. 여기에는 생물이 가장 중요한 역할을 하고 있다. 이것이 어떤 메커니즘으로 진행되고 있는 지를 생각해 보고자 한다.

유기물은 무기화 된다 유기물이 분해되어 CO_2나 물을 비롯해서 저분자 물질로 돌아가는 과정을 「무기화」라고 한다. 유기물이 자연계에 방치되는 경우, 빛이나 공기 중의 산소에 의해 화학적으로 분해가 된다. 그러나 주된 「무기화」는 환경 속에 존재하는 동・식물이나 미생물에 의해 이루어진다. 특히 미생물의 활동은 중요하다. 이때 토양은 유기물의 분해가 활발히 이루어지는 「장소」로서 중요한 역할을 한다.

삼림 토양에는 낙엽・떨어진 가지・쓰러진 나무 등 수목에서 얻는 물질과 이곳에 생육하는 동물의 배설물이나 사체와 같은 유기물이 풍부한 환경이 형성되어 있다. 따라서 삼림 토양은 토양 생물에 대해서는 생육하기에 좋은 환경이라 할 수 있다.

삼림에서 생물상의 활동 삼림 토양에 있는 유기물의 분해에는 극히 다양한 종류의 생물이 관여하고 있다. 토양 내에 생식하고 있는 생물의 종류와 크기를 그림 1-5에 나타내었다. 토양 내에서는 이 같은 생물 사이에 먹이사슬이 구성되어, 사슬의 가장 하위를 구성하는 미생물에서, 상위를 구성하는 대형 동물에 이르기까지의 생물상(flora)이 구축되어 토양에 투입된 유기물을 CO_2로 분해한다. 만약 이 같은 분해 생물이 존재하지 않는다면 삼림은 수목의 사체로 넘쳐 나게 될 것이다. 어느 조사에 의하면, 삼림 토양에서 발생하는 CO_2, 즉 생물의 호흡에 의한 CO_2는 동물에 의한 것이 20%이며, 나머지는 미생물에 의한 것이라 한다. 미생물에 의해 발생하는 CO_2의 대부분은 식물 사체를 분해할 때 발생하는 것이다. 밭이나 초원에서 동물에 의한 CO_2 발생률은 더욱 낮아진다고 생각한다. 유기물의 분해 과정 중, 토양 동물은 파괴・소비 과정에서 토양 미생물은 분해・부후 과정에 관여하고 있다. 미생물에 대해서는 뒤에서 언급하겠지만, 삼림 토양 속에는 다양한 종류의 소동물도 생식하고 있다. 그림 1-5에 나타나 있는 동물 중 특히 주목해야만 하는 것은 흰개미로, 지구상에서 목재를 자연에

되돌리는 가장 빠른 생물이다. 흰개미에 대해서는 제7장 「나무의 자연 순환계와 흰개미」에서 자세히 서술하고 있다.

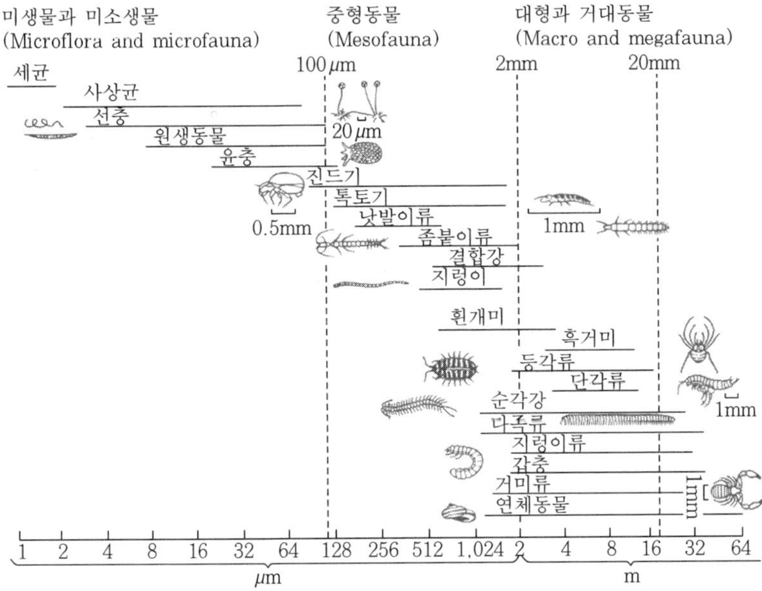

그림 1-5. 토양 생물의 크기에 의한 분류(堤利夫편, 삼림생태학에서)

4. 목재는 미생물에 의해 분해된다

목재를 중심으로 순환하는 탄소 순환계에서는 미생물의 작용이 중요하다. 실제로 어떠한 미생물이 어떠한 작용을 하는 것인지에 대해서 토양 속의 미생물, 목재부후균, 그리고 이 같은 미생물과는 성질은 다르지만 수목의 생육을 돕는 미생물에 대해서 서술하고자 한다.

토양 속의 미생물과 미생물상(micro flora) 토양 속에는 세균(박테리아), 방선균(actinomyces), 효모(yeast), 진균(fungi), 담자균(버섯), 조류(algae), 원생동물(*Mesodinium* 속) 등 많은 종류의 미생물이 서식하고 있다. 미생물의 설명에 많은 부분을 할애할 수 없지만, 앞에서 언급한 순서대로 세포구조가 복잡하게 되고 유전자학적으로도 진보되어 있다고 보면 된다. 위의 미생물에서는 세균(박테리아)이 가장 하등생물이다. 방선균은 분류학상 세균과 같은 그룹에 속한다. 이 무리에는 항생물질을 만드는 세균이 많고, 이 세균은 토양 속에서 미생물의 생육을 조절하는 활동을 주로 한다. 진균류나 담자균은 균체가 실 모양으로 길게 늘어나면서 생육하기 때문에 사상균 혹은 단순하게 균류라고 한다. 눅눅한 기후에 식물을 부패시키는 곰팡이는 해를 끼치지만, 유용한 곰팡이는 발효 식품의 제조에는 필수적이다. 또한 균류에 효모를 합하여 진균류라 부르는 경우가 있다. 효모도 옛날부터 식품이나 음료의 제조에 이용되어 왔다. 이 같은 미생물은 토양 속에 하나의 생태계를 구성하고 있으며, 이것을 미생물상(micro flora)이라 부른다. 미생물상을 형성하는 미생물의 종류는 다양하다. 그리고 환경이 다르면 거기에 알맞은 미생물상이 형성되게 된다. 예를 들어 경작지와 같이, 유기질이 많은 비옥한 토양 속에서는 토양 1 g 당 세균은 10^8개체, 균류는 10^6개체까지 분포한다. 낙엽이 많은 삼림도 미생물이 풍부한 토양을 형성한다.

미생물상은 주어진 영양원에 의해 크게 변화한다. 예를 들어 전분이 풍부한 물질이 주어진 환경에서는 먼저 강력한 전분 분해 효소를 생성하는 미생물이 생육하고, 이어서 그 분해물을 이용하는 미생물 군이 생육한다. 마찬가지로 수목의 사체가 있는 경우에는 목질 성분을 분해하는 미생물 군이 우선적으로 출현하게 된다.

미생물, 어쩌면 미생물 군이라고 하는 것이 적절하지도 모르지만, 환경 속에서의 미생물류의 생육은 주어진 영양분 이외의 요인에 의해서도 좌우된다. 미생물이 유기물을 분해할 때 산소가 충분히 존재하는(호기성, aerobic) 경우에 유기물은 CO_2(탄산가스), 물 등으로 분해된다. 그리고 산소의 농도가 낮은(혐기성) 경우 유기물은 메탄이나 CO_2 등으로 분해된다. 각각의 조건에 따라서 생육하는 미생물의 종류와 수가 다른 것은 당연하다. 삼림 속의 토양은 앞에 서술하였듯이 다양한 소동물의 활동에 의해서 항상 반복되어 파헤쳐지고 메워져, 충분히 산소가 공급되고 있기 때문에 호기성(好氣性, aerobic) 상태에 있다고 할 수 있다. 따라서 산소가 존재하는 삼림토양에서는 활발히 물질 대사를 행하는 미생물이 자라게 된다.

나무를 썩게 하는 균-버섯 자연계에서 목질이 분해되는 경우 최종적으로는 CO_2와 물로 분해되지만, 그 분해 과정에서 다른 유기물의 경우와 상이한 점이 많다. 그 이유는 목재는 셀룰로오스(cellulose), 헤미셀룰로오스(hemicellulose)와 리그닌(lignin)이라는 고분자화합물로 구성되어 본래 생물적으로 분해하기 어려운 강하고 튼튼한 구조를 갖고 있기 때문이다. 이와는 달리, 전분이나 단백질을 대량으로 함유하는 일반 유기물은 훨씬 빠르게 분해된다. 목재의 분해는 우선 목재부후균이라 불리는 균류(담자균이나 곰팡이)에 의해 썩은 후, 전술한 토양 미생물에 의해 추가로 분해되어진다. 낙엽에서 잘 자라고 분해 작용을 하는 미생물을 낙엽균이라 한다. 이 무리에는 많은 종류의 곰팡이가 있다.

목재부후균의 대부분은 부생성(腐生性), 다시 말해 생명이 없는 목재를 분해하고, 그 분해물을 영양원으로 해서 생육하는 특징이 있다. 그러나 생명력이 쇠약해진 수목이나 생육 중의 수목을 침해하는 목재부후균도 있다. 담자균은 보통 생활상태에서는 곰팡이와 마찬가지인 균사의 양을 늘리면서 생육하지만, 균이 충분히 생육하고, 어느 조건이 주어지면 자실체라 불리는 형태가 된다. 담자균의 자실체를 「버섯」이라 한다. 이 상태가 되면 확실하게 사람의 눈에 띄게 된다. 담자균이 나무의 그루터기에 생육하고 버섯으로 자라고 있는 모습을 그림 1-6

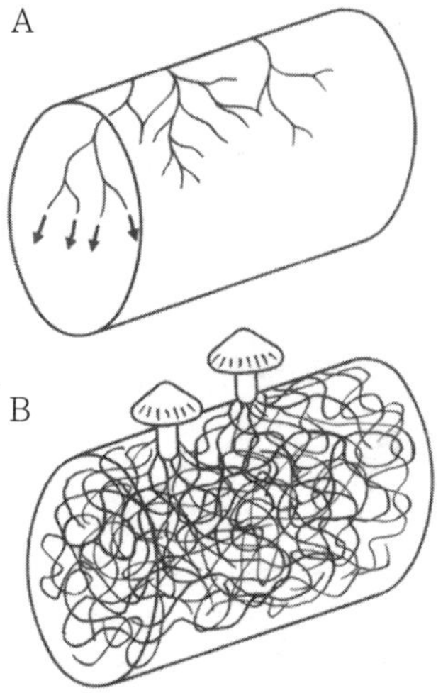

A. 목재 속에서의 균사는 목재 성분을 분해하면서 성장한다. →는 목재 성분을 분해하는 효소가 균사의 앞 부분에서 분비되는 것을 나타낸다.

B. 균사가 퍼진 후, 온도의 변화나 빛의 자극에 의해 자실체(버섯)가 발생한다.

그림 1-6. 목재 속에서 담자균의 균사 성장과 버섯의 발생

과 그림 1-7로 나타내었다. 물론 균이 생육하기 위해서는 목재 성분을 분해할 수 있는 에너지와 균체의 성분으로 이용하는 것이 필요하다. 이 같은 작용은 균이 만든 효소의 활동에 의해 얻어진다. 효소는 균사의 앞쪽인 선단부분의 기질에서 분비되며 균체 성분을 주로 가수 분해한다. 효소에 대해서는 뒤에서 서술하기로 하겠다.

그림 1-7. 쓰러진 나무에서 생육한 버섯 (*Pholiota squarrosa*)(宝酒 造 제공)

목재부후균은 목재에 작용하는 방법에 따라 백색부후균(white-rot fungi), 갈색부후균

(brown-rot fungi) 및 연부후균(soft-rot fungi)으로 구분된다. 이 중 앞의 2개의 부후균은 목재를 분해하는 높은 능력을 갖고 있다. 백색부후균은 목재 성분 중에서 생물적으로 분해가 가장 어렵다고 하는 리그닌을 잘 분해한다. 이 균이 먹고 난 목재는 하얗게 보이기 때문에 백색부후균이라는 이름이 붙여졌다. 이 그룹에 속하는 균의 대부분은 담자균이다. 자실체의 형태도 다양하다. 예를 들면 말굽버섯 등은 딱딱한 자실체를 만들지만, 표고버섯, 느타리버섯, 팽이버섯 등은 버섯의 형태를 한 부드러운 자실체를 만든다. 후자가 만든 자실체에는 식용으로 공급되는 것이 많아, 재배법도 여러 가지로 연구되고 있다. 표고버섯을 예로 들면 상수리나무, 너도밤나무 등의 활엽수의 소경목(수피가 붙어 있는 원목)에 포자를 접종해서 배양하고 있다. 이것은 담자균이 자연상태에서 나무의 성분을 잘 분해해서 생육하는 것을 이용한 인공 재배법이다. 최근에는 목분(wood flour)을 배지로 한 재배법도 널리 이용되고 있으며, 이것은 일손이 많이 가는 기존의 원목재배법을 간단화한 시도의 하나이다.

또 하나의 그룹인 갈색부후균은 리그닌의 분해 능력은 백색부후균만큼 높지는 않지만 셀룰로오스를 잘 분해한다. 이 부류에도 식용이 되는 것이 있다. 또 셀룰로오스의 분해 능력이 높기 때문에 건축물에 피해를 주는 것도 있으며, 이와 같이 목조건축물에 대한 피해도 지구상에서 큰 범주의 탄소 순환의 일부이다.

목재의 성분은 효소에 의해 분해 됨 목재는 다양한 균에 의해서 분해된다고 서술했지만, 분해활동을 하는 것은 '균 자체이라기보다' 균이 만드는 효소라고 하는 것이 정확하다. 효소는 간단하게 촉매작용을 하는 단백질이라고 할 수 있다. 목재의 성분에 대해서는 제4장 「목재를 구성하는 분자」에서 자세히 서술하기 때문에 여기에서는 설명을 생략한다. 목재 성분 중의 대부분은 셀룰로오스로 구성되었으며, 목재 성분의 50~55%를 차지한다. 셀룰로오스를 분해하는 효소를 셀룰라아제(cellulase)라 한다. 셀룰라아제는 셀룰로오스를 구성하고 있는 포도당(glucose)의 긴 사슬 결합을 가수분해해서 최종적인 포도당으로 분해가 된다. 또 셀룰로오스보다도 복잡한 당의 조성을 갖은 헤미셀룰로오스를 헤미셀룰라아제가 가수분해하여 자일로스(xylose)를 포함한 당의 혼합물로 분해한다. 포도당이나 자일로스는 토양 속의 미생물상이 간단히 분해하여 CO_2를 발생시킨다.

한편 방향족 화합물의 고분자(polymer) 구조를 유지하고 목재 성분의 20~25%를 차지하는 리그닌은 생물적으로 분해하기 힘든 난분해성 물질이다. 하지만 리그닌 peroxidase 등의 peroxidase나 phenol oxidase 등의 산화효소에 의해 산화적인 분해를 받은 후 미생물상이 CO_2로 분해한다.

이와 같이 목재 성분의 분해 메커니즘은 효소 측면으로도 해명되어 있다.

목재의 생육을 돕는 균(균근균) 수목의 뿌리에 기생해서 그 식물(숙주)에서 양분을 공급받는 대신에 무기물질을 숙주에 공급하는 담자균이 있다. 이 같은 균은 「균근균」이라 부른다. 정원수를 옮겨 심으려고 팠을 때, 뿌리가 하얀 막으로 둘러 쌓여있는 것을 본 사람도 있을 것이라 생각한다. 이것도 일종의 균근(*Mycorrhizae*)이다. 균근의 상태를 그림 1-8에 나타냈는데, 균근균이 뿌리의 표면을 싸고 있는 상태를 잘 알 수 있다. 그러나 균근균과 숙주와의 상호작용의 정확한 과정은 알 수 없다. 이 균의 중요한 작용 중 하나로, 이 균이 기생함으로써 숙주의 성장이 촉진되는 것을 발견할 수 있다. 그림 1-9에 나타냈듯이 균근균이 기생한 식물에서는 기생하고 있지 않는 식물과 비교해서 훨씬 성장이 좋은 것을 알 수 있다. 동남아시아의 열대림이나 유럽의 산악지대 등 세계 각지에서 균근균이 기생한 수목을 심어 숲을 조성하고

그림 1-8. 균근과 균근균

상 : 쌍떡잎 감나무과의 일종(*Schorea parvifolia*)의 뿌리에 착생한 *Scleroderma columnare*(생물환경연구소 小川 眞 제공)
하 : 쌍떡잎 감나무과 일종의 뿌리에 착생한 *Inocybe* sp.의 작은 버섯(화살 표시)

있다. 특히 동남아시아의 각지에서는 벌채한 후의 임지를 회복하기 위해서 균근균을 인위적으로 접종한 묘목을 심어 숲을 조성하려고 활발히 노력을 하고 있기 때문에, 균근균은 바로 목재 자원을 인류에 제공하는 지구온난화를 방지하는 열쇠를 갖고 있다고 해도 과언이 아닐 것이다.

한편 균근균의 무리에는 많은 종류의 식용 버섯이 있다. 송이버섯, 송이과 버섯 등이며, 인공재배가 어려운 것이 대부분이고 이 때문에 가격도 비싸다.

그림 1-9. 균근균에 의한 *Schorea parvifolia*의 성장촉진
왼쪽은 균근균이 착생하고 있지 않은 것, 오른쪽은 착생하고 있는 것을 나타냄(생물환경연구소 小川 眞 제공).

5. 목재의 재이용을 촉구하다

마지막으로 생산 공정에서 이용되지 않고 폐기되거나 이용이 끝나 폐기된 목재나 목질을 어떻게 재이용하느냐가 문제가 된다. 폐기와 재이용을 반복하는 것을 cascade형 이용이라 한다. 이것은 적당한 물이 상류에서 몇 단계의 폭포를 지나 하류로 흘러가는 상태(cascade)와 유사한 면에서 출발하고 있다. Cascade형 이용은 자원이 부족하고, 또 그 소비량이 세계 최고 수준에 달해 있는 일본에 있어서는 피해갈 수 없는 중요한 과제이다.

일단 이용된 후의 목재는 다음과 같이 재이용을 한다. 이것들은 현실에 행해지고 있는 것, 혹은 실용화에 가까운 것이다.

① 건축재 등 사용하는 목재로의 재구성-파티클보드(particleboard) 등의 제조(제8장「나무 쓰레기를 자원으로 바꾸다」 참조)
② 화학적 소재화-화학처리에 의한 목재의 플라스틱화와 이들을 성형 제품으로 가공(제6장「수퍼 목재(Super Wood)」, 제8장

「나무 쓰레기를 자원으로 바꾸다」 참조), 목재 화학품의 생산

③ 연료화 - 고형화, 액화, 가스화에 의한 연료화, 효소분해와 발효에 의한 알코올 생산

④ 탄화 - 연료, 토양·수질 등 환경 개량재나 전자파 차단보드로 이용

⑤ 퇴비·비료(compost)화 - 미생물 분해에 의한 퇴비화

⑥ 버섯 등 미생물의 생산 - 목분 재배(병 재배, 주머니 재배 등)에 의한 식용 버섯 재배용 배지로 이용

이상과 같은 재이용법으로 거듭날수록 목재는 비로소 처음으로 「친환경재료」로서의 진가를 발휘할 수 있을 것이라고 생각한다.

◈ 참고도서 ◈

1. 只木良之 「山林の生態」共立出版, 1971년
2. 小川　眞 「作物과と土をつなぐ共生微生物」農文協, 1987년
3. 堤利夫편「山林生態學」朝倉書店, 1990년
4. 地球環境工學 Handbook 編輯委員會 편 「地球環境工學 Handbook」Ohm社, 1991년
5. 白石信夫, 谷吉樹, 工藤謙一, 福田和彦 편저 「バイオプラスチックのすべて」工業照査會, 1992년
6. 山本良一편저 「エコマテリアル入門のすべて」日本實業出版社, 1994년

제 2 장 수목은 CO_2의 고정 장치

대기 중의 CO_2농도가 높아지면, 지구환경에 있어서 심각한 문제인 온실효과가 나타난다고 알려져 있다. 모든 식물은 광합성에 의해 CO_2를 공기 중에서 흡수하여 유기물로 고정한다. 수목이 다른 식물과 다른 점은 수십 때로는 수백 년 동안 목재가 생장하면서 고정한 CO_2의 일부를 다시 환경으로 되돌려 보내는 일 없이 축적을 계속하고 있다는 점이다. 한편에서 임산물로서 목재나 종이 등도 CO_2가 채워진 봉입된 물체라고 생각해도 된다.

1. CO_2에 의한 온실효과라는 것은 어떤 것일까

태양의 빛은 지구 곳곳에 파장이 짧은 자외선에서 파장이 긴 적외선까지 쏟아지고 있다. 그 빛은 지표를 따뜻하게 하는 작용을 한다. 데워진 지표에서는 쏟아지는 태양 빛보다 대체적으로 긴 파장의 빛이 반사되고 있다. 지표의 열은 주로 파장이 상당히 긴 적외선에 의해 우주로 방출되고 있다. 여기에서 CO_2가 문제가 되는 점은 CO_2가 적외선을 흡수하는 성질을 갖는다는 것이다. CO_2는 적외선을 흡수하고 그 에너지를 주위에 열로서 방출한다(그림 2-1). 대기 중의 CO_2 농도가 높아지면 태양 빛은 지표에 도달하고, 지표가 반사하는 적외선은 CO_2를 대기 속에서 열로 변화시키기 때문에 그 열이 우주로 방출되지 않고 대기 속에 갇히게 된다. 이것이 온실효과이다. 덧붙여 말하면 대기 속의 CO_2농도는 산업혁명 이전에서는 0.029%였는데, 1986년에는 0.035%까지 상승되었다. CO_2 농도가 현재의 2배가 되면 지구전체의 평균 기온은 2~4℃ 상승한다고 알려져 있다. 그렇게 되면 북극, 남극의 빙하가 녹아서 해수면은 5m 상승한다고 한다. 이것은 해발 0~500m의 모든 지역은 물에 잠기는 것이 된다.

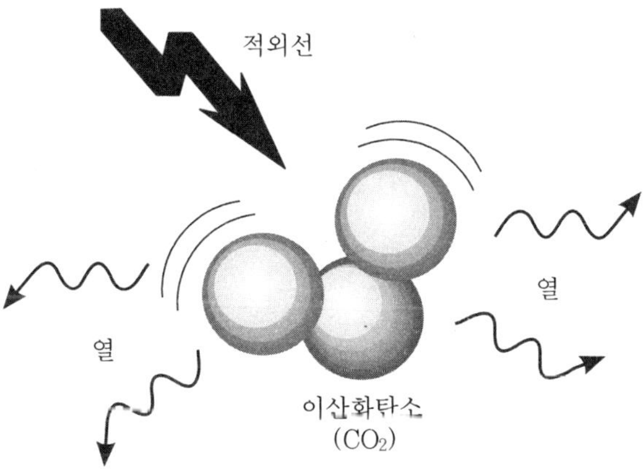

그림 2-1. CO_2는 적외선을 흡수하고 분자 운동이 격렬해져, 열을 발산함

2. 광합성에 의한 CO_2 고정

「광합성」이라는 용어는 초등학교에서 고등학교까지 몇 번이나 반복해 과학 교과서에 나오기 때문에, 독자도 알고 있지 않을까 생각하지만 여기서 조금 복습해 보기로 하자. 식물은 일반적으로 광합성에 의해 공기 속의 CO_2와 물로부터 포도당이라는 유기물을 만들어 낸다. 무기물에서 유기물을 만들어 내는 것을 「고정」이라 한다. 여기에서는 특히, 대기 속에 기체로 존재하고 있는 CO_2를 고체로서 가두고 있다는 의미에서, 「고정」이라는 단어를 사용하고 있는 것이다. 더 이상은 다음에서 언급하기로 하고 광합성의 화학식을 나타내면,

$$\underset{(\text{이산화탄소})}{6CO_2} + \underset{(\text{물})}{6H_2O} \rightarrow \underset{(\text{포도당})}{C_6H_{12}O_6} + \underset{(\text{산소})}{6O_2}$$

가 된다. 기체인 CO_2를 고체인 당으로 바꾸는 것이다. 식물은 거의 대부분이 광합성을 한다. 그러나 지금 환경문제로 대두가 되고 있는 온실효과의 저감에 어떤 식물이라도 도움이 되는 것은 아니다. 대기 중의 CO_2량이 감소하기 위해서 중요한 것은 일단 고정된 탄소가 CO_2로서 대기 중으로 다시 돌아가지 않는 것이다.

3. 고정된 CO_2는 어디로 가는 것일까

광합성에 의해 고정된 탄소 중, 식물 자신의 호흡이나 식물을 먹이로 하는 동물의 호흡에 의해 소비되는 부분은 바로 대기 중으로 돌아간다. 또한 떨어진 잎이나 말라 죽은 식물체도 부생 생물이 분해되면서 CO_2로서 대기 중으로 돌아간다. 종자나 감자 등의 저장 조직에 축적된 영양분도 발아 시에 호흡에 의해 소비되고, 대기 중으로 방출된다. 호흡의 화학식을 보면 호흡은 광합성의 역반응인 동시에 연소에 의해 CO_2가 발생하는 것임을 잘 알 수 있다.

광합성 :	$6CO_2$ (이산화탄소)	+	$6H_2O$ (물)	→	$C_6H_{12}O_6$ (포도당)	+	$6O_2$ (산소)
호 흡 :	$C_6H_{12}O_6$ (포도당)	+	$6O_2$ (산소)	→	$6CO_2$ (이산화탄소)	+	$6H_2O$ (물)

이것은 식물이나 동물, 곤충, 미생물이 모두가 완전하게 동일한 것으로, 호흡이라는 것은 생물에 의한 유기물의 완만한 연소라고도 말할 수 있다. 포식이나 부생에 의해 다른 생물에 가두어진 탄소는 생물계 전체의 생태계에는 축적되지만, 최종적으로는 호흡에 의해 CO_2로 대기 중으로 방출된다. 조류나 초본 식물의 경우는 생명주기가 짧기 때문에, 고정된 탄소는 상당히 빠른 시기에 CO_2가 되어 환경에 방출된

다. 탄소의 고정과 방출의 균형을 생각하면 조류나 초목 등의 생명주기가 짧은 식물은 대기 중의 CO_2량을 감소시키는 데에는 큰 도움이 되지 않는다고 생각된다.

수목의 경우에도 물론 조류나 초목처럼 스스로 호흡에 의해 탄소를 소비한다. 한편 생태계의 다른 생물은 낙엽·포식을 통해 분해하면서 다시 대기 중으로 빠른 시점에 CO_2로 돌아가는 것도 있다. 수목이 이들과 결정적인 차이점은 개체로서의 수명이 길면서 매년 연륜을 길게 형성하며 성장하여 CO_2를 대량의 목부(목재)에 축적하게 된다는 점이다(그림 2-2).

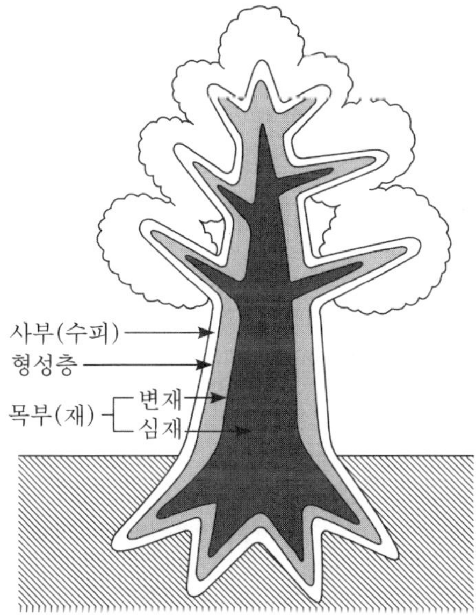

그림 2-2. 목부(목재)는 수목 속에 축적되어 있다고 생각할 수도 있다.

4. 목재는 광합성 산물의 덩어리

목재의 원소 조성을 보면, 탄소(C)가 약 50%, 수소(H) 약 6%, 산소(O) 44%로, 탄소, 수소, 산소만으로 구성되어 있다. 이것은 수종이 다르더라도 대부분 동일하다(표 2-1). 보통 생물을 구성하는 원소는 다양하며 탄소, 수소, 산소 이외에도 주요한 것을 나열하면 질소, 인, 유황, 마그네슘, 철, 칼슘, 칼륨 등이 있다. 표 2-2에서 일반적인 식물 세포의 원소 조성과 목재의 원소 조성을 비교하였다. 살아 있는 세포와 목재에서 현저한 차이를 보이는 것은 질소의 양이다. 살아 있는 세포에서는 전건중량의 6%가 질소인 것에 비해 목재에서는 극히 적은 그 50분의 1에서 100분의 1의 양으로, 보통 약 0.05~0.1% 정도의 질소만을 포함하고 있다. 물론 이 표의 칼슘 아래로 기재되어 있는 원소들도 목재에서 모두 0.5%정도만을 포함하고 있기 때문에 그 양이 상

표 2-1. 목재의 원소조성 (단위 : %)

수 종	탄 소	수 소	질 소
전나무	50.36	5.92	0.05
가문비나무	50.31	6.20	0.04
너도밤나무	49.01	6.11	0.09
자작나무	48.88	6.06	0.10
졸참나무	50.16	6.02	–

(平井信二 : 동경대 연습림보고, 56, 399(1962)

표 2-2. 구성원소의 비교 (중량%)

원소명	식물세포	목 재	원소명	식물세포	목 재
탄 소	45	50	마그네슘	0.3	0.5
수 소	6	6	인	0.2	
산 소	41	44	염 소	0.2	
질 소	6	0~0.1	나트륨	0.15	
칼 슘	1.8	0.5	규 소	0.1	
칼 륨	1.4		알루미늄	0.1	
유 황	0.35		기 타*		

* : 망간, 아연, 붕소, 구리 등 (高橋英一저 「규소산 식물과 석탄식물」에서)

당히 적은 것을 알 수 있다. 목재는 수목이라는 생물이 만들어 내고 수목 내에 함유하고 있으면서도 왜 목재는 원소 조성이 치우쳐 있는 것일까? 결론부터 말하면 목재를 구성하고 있는 세포의 대부분은 세포벽만 남은 세포가 빠져나간 껍질과 같은 것으로 되어 있기 때문이다.

5. 세포벽을 구성하는 분자

세포벽을 구성하는 주성분은 3종류로 셀룰로오스(cellulose), 헤미셀룰로오스(hemicellulose), 리그닌(lignin)이라 불리는 물질이다. 제4장 「목재의 친환경재료 특성을 찾다」에서 자세히 서술하겠지만, 셀룰로오스(그림 2-3)와 헤미셀룰로오스(그림 2-4)는 다당류라 불리는 고분자로 당($C_6H_{12}O_6$)을 기본 단위로 하고, 많은 당이 탈수 중합으로 연결된 구조이다. 리그닌은 phenyl propane(그림 2-5)을 기본 단위로 한 고분자로, 중축합을 통한 비결정성(amorphous) 구조를 하고 있다(그림 2-6). 이 장에서 중요한 것은 어떤 화합물도 구조는 다르다

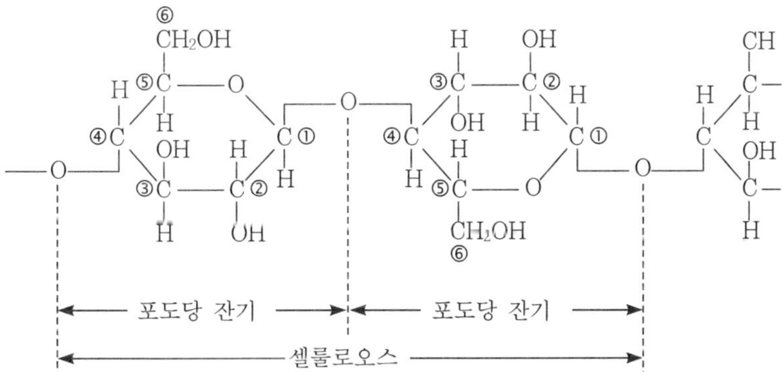

그림 2-3. 셀룰로오스의 분자구조

포도당($C_6H_{12}O_6$)을 기본단위로 반복되는 구조이나.
C, H, O 이외의 원소는 포함되어 있지 않다.

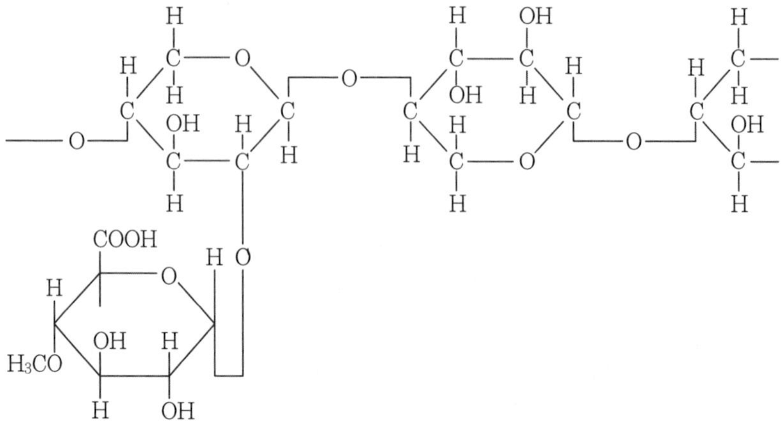

그림 2-4. 헤미셀룰로오스 분자의 부분 구조

셀룰로오스와 비슷하지만, 부분에 따라 조금씩 다르다. 헤미셀룰로오스의 명칭은 그 유래도 셀룰로오스와 닮았다는 의미이다. 역시 이것도 C, H, O 만으로 되어 있다.

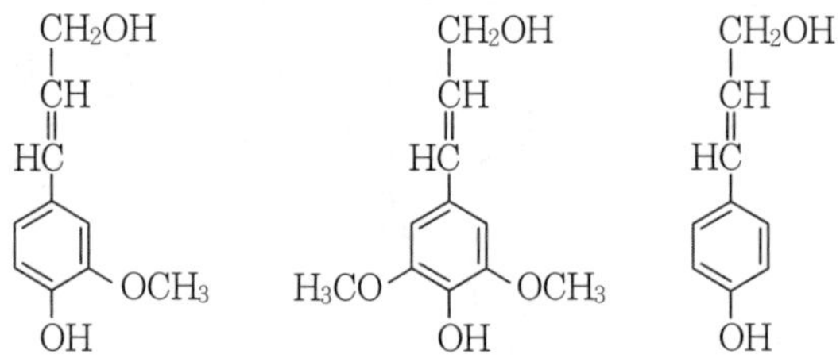

그림 2-5. 리그닌의 구성단위가 되는 3종류의 phenyl propane

는 것과, 그 구성 원소는 탄소, 수소, 산소뿐이며 결과적으로 CO_2와 물만으로 되어 있다고 해도 과언이 아니다 라는 것이다.

6. 목재가 완성되는 모습

목재는 형성층이라 불리는 수피와 재 사이에서 얇고 넓어진 분열조직의 층에서 분열한 세포가 신장・확대한 후, 2차벽이라 불리는 두께

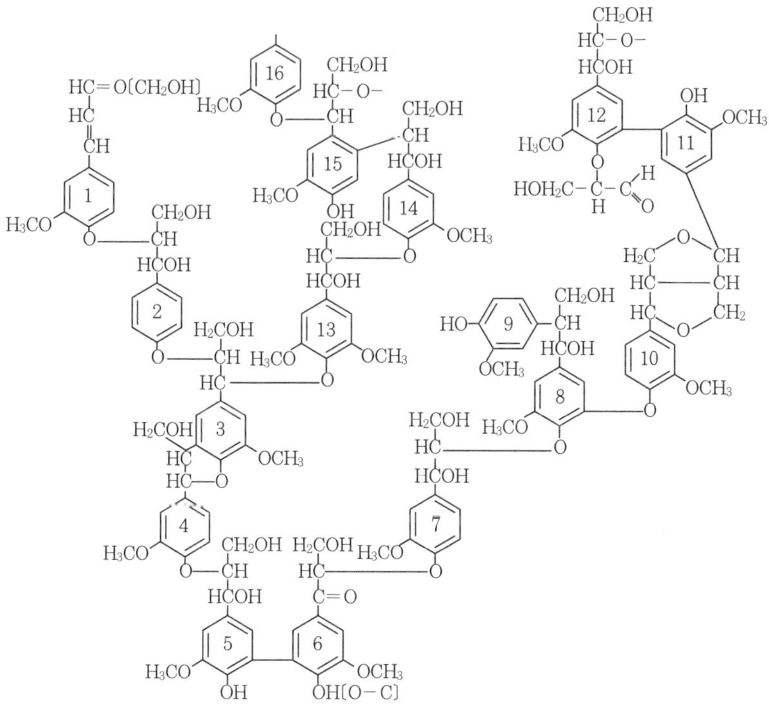

그림 2-6. 16개의 phenyl propane 구성단위를 포함한 침엽수 리그닌의 주요한 구조

복잡한 구조를 하고 있지만, 역시 C, H, O만으로 되어 있다.

운 세포벽이 쌓여, 최종적으로 세포의 살아있는 부분인 원형질이 손실됨으로써 완성된다(그림 2-7, 그림 2-8). 따라서 아무리 거대한 수목이라도 형성층으로부터 분열중인 원형질을 갖는, 소위 살아있는 세포의 두께는 불과 5mm에도 미치지 않는 것이다. 일부 원형질을 잃지 않고 살았던 대로 멈춘 세포(유세포)도 있지만(표 2-3), 최종적으로는 상부와의 통로가 끊어져 심재를 형성하는 시점에서 이들 세포도 죽는다.

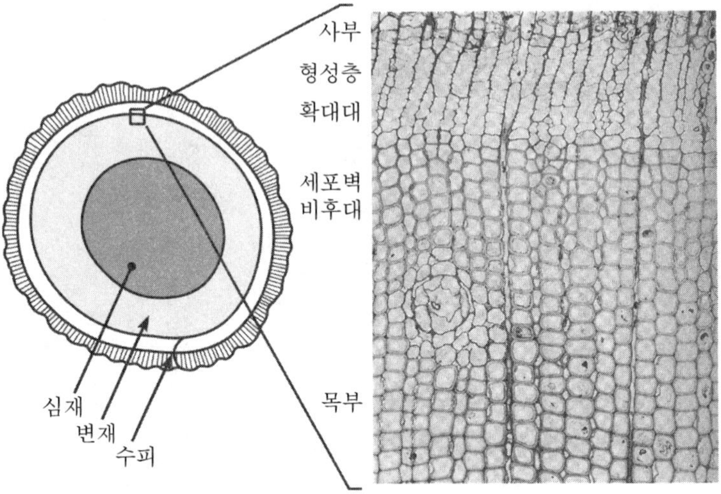

그림 2-7. 목재는 수피의 바로 내측에 있는 형성층이라는 부분에서 태어난 세포가 분화해 만들어진다.

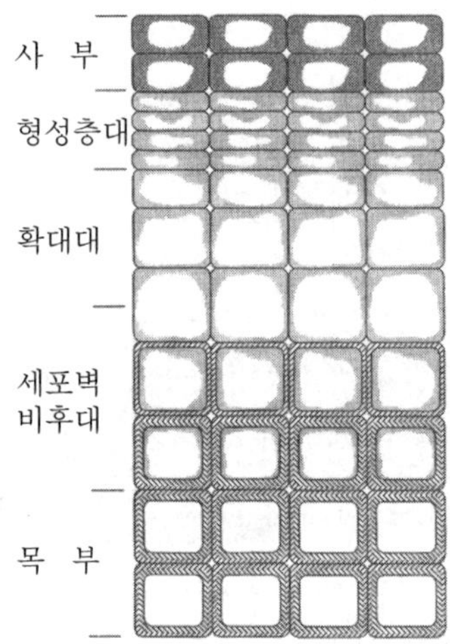

그림 2-8. 형성층 부근의 모식도

분화가 완료된 목부의 세포 대부분은 원형질을 갖지 않는다.

표 2-3. 일본산 주요재의 요소비율

(a) 침엽수재 (단위 : %)

수 종	가 도 관	축방향 유조직	방사조직	축방향 세포관
소 나 무	95.87		3.43	0.70
은행나무	92.74	0.25	7.01	
가문비나무	95.22		4.25	0.53
낙 엽 송	95.16		4.58	0.26
해 송	97.03		1.89	1.08
삼 나 무	97.20	0.80	2.00	
분비나무	95.80		4.20	
편백나무	97.09	0.58	2.33	
노송나무	96.61	0.18	3.21	
일본젓나무	93.86	0.29	5.85	

(b) 활엽수재 (단위 : %)

수 종	도 관	목 섬 유	유 조 직	방사조식
고로쇠나무				
단풍나무	14.16	66.86	3.49	15.49
오동나무	17.85	41.21	36.88	4.05
녹 나 무	12.20	66.87	12.49*	8.44
밤 나 무	21.74	58.67	13.35**	6.24
느티나무	14.31	58.48	16.73	10.48
참피나무	28.30	62.37	5.24	3.73
황철나무	36.63	59.57	0.17	3.66
너도밤나무	41.22	32.07**	9.23	17.46
가자나무	18.27	71.81**	1.56	8.36
들메나무	5.61	72.93	2.88	18.58

주 1) * : 분비세포를 포함한다. ** : 가도관을 포함한다. (木材化學, 中野 외에서).
주 2) 가도관, 도관, 목섬유는 원형질을 잃고 세포벽만으로 이루어진다.

목재를 형성하고 있는 세포는 살아 있다. 살아 있는 세포 안은 어떻게 되어 있을까? 보통 살아 있는 세포의 70%는 수분이지만, 이외 물질의 약 절반은 단백질이 차지하고 있다. 단백질로 되어 있는 효소에 의해 세포는 필요한 물질을 만들거나, 불필요하게 된 물질을 분해하면서 살고 있다. 따라서 세포 속의 실질적인 활동을 하는 것은 단백질이다. 단백질은 그림 2-9에 나타내었듯이 아미노산이 연속적인 구조를 하고 있기 때문에 질소를 반드시 필요로 한다. 아미노산의 종류에 따라서는 황산을 필요로 하는 것도 있다. 또한 효소가 물질을 합성하거나 분해하는 중요한 장소인 활성중심에는 철이나 마그네슘, 망간을 필요로 하는 것도 있다. 이러한 단백질의 설계도가 되는 DNA(deoxyribonucleic acid)나 RNA(ribonucleic acid)는 세포의 약 20%를 차지하고 있지만, 이것들도 그림 2-10에 나타냈듯이 그 구조상 인과 질소가 필수적이다. 이처럼 다양한 원소를 필요로 하는 살아있는 조직(형성층 · 분화대)은 수피와 목재 사이에 얇게 분포되어 있고, 이 조직은 내측으로 탄소, 수소, 산소의 덩어리인 목부를 만들면서 자신의 두

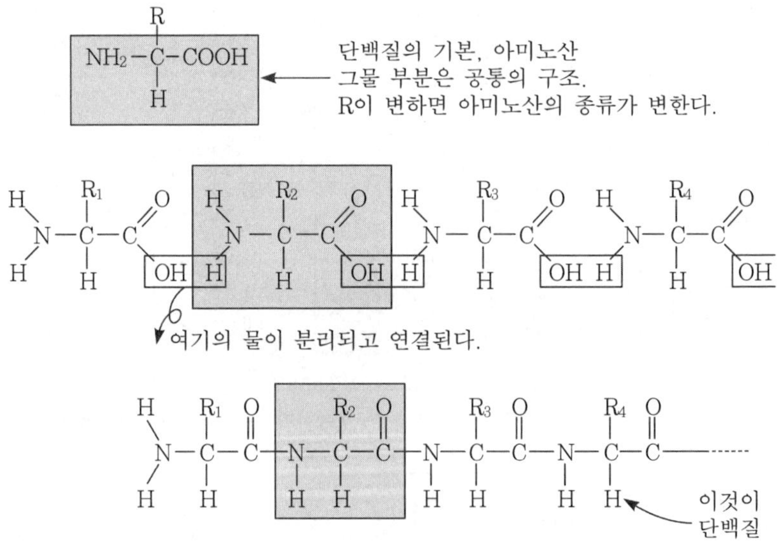

그림 2-9. 단백질의 기본적인 분자구조

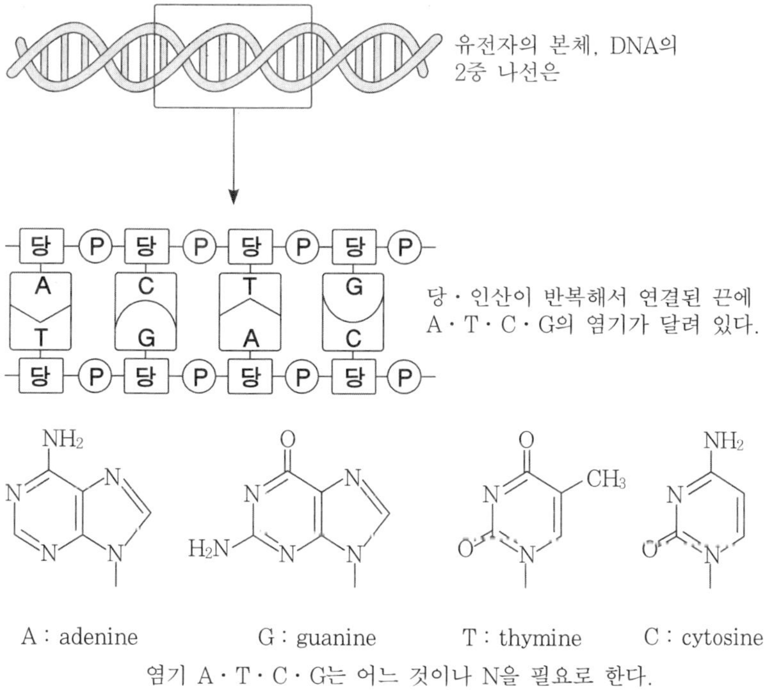

그림 2-10. DNA의 구조

께는 거의 변하지 않고 밖으로 내보내져서 수간의 지름을 확대해 가기 때문에, 수목이야말로 CO_2 고정 장치라고 말할 수 있다.

7. 왜 목재는 세포벽만으로 되어 있는 것일까

이 문제에 대한 답은 지금 명확하게 되어 있는 것은 아니지만, 필자는 이렇게 생각하고 있다. 목부의 역할은 큰 수체를 지탱하는 것과 흙 속에서 얻는 수분이나 무기물을 잎까지 보내는 것 두 가지이다. 수체를 지탱하기 위해서는 물리적인 강도가 수목과 균형이 맞으면 된다. 또한 수분의 통로는 잎에서 물이 증산하는 증산류로 뿌리에서 잎까지

물이 올라가기 때문에 그곳에 파이프가 연결되어 있으면 된다. 이 두 가지의 조건을 만족하기 위해서는 목부의 세포가 살아 있을 (즉 원형질을 가질)필요는 없다. 원형질을 구성하기 위해서는 질소나 인, 그 밖의 많은 원소가 필요하며, 이들 원소는 광합성을 통해 대량으로 얻는 탄소, 수소, 산소와 달리 흙 속에 무기질의 형태로 약간 존재하는 것을 다른 식물과 싸워 획득한 귀중한 원소인 것이다. 그러므로 수간(stem) 속에 살아 있어야만 하는 조직은 최소한으로 하고, 광합성에서 대량으로 얻은 탄소, 수소, 산소 산물을 그 내측에 세포벽으로 저장해 둠으로써, 수목은 이들이 쌓여서 점차 높고 단단하게 되고 있는 것이라 생각한다.

8. 수목이 저장하고 있는 CO_2의 양

그럼 수목은 도대체 어느 정도의 CO_2를 축적하고 있는 것일까. 여기에서 단순화한 모델 계산을 해보자. 지표부분의 직경이 50cm, 높이 15m의 성장이 왕성한 삼나무를 가정해 보자. 수간의 형상을 원뿔형이라고 가정하면 그 수간의 용적은 약 1 m^3이 된다. 삼나무의 평균적인 전건비중이 0.35이기 때문에 그 전건중량은 350kg, 그 중의 약 절반이 탄소이므로 탄소의 중량은 175kg이 된다. 이것을 CO_2로 환산하면 약 640kg, 20℃, 1기압으로서 약 360kℓ의 체적에 상당하는 CO_2를 축적하고 있는 것이 된다. 이 나무가 일년간에 약 5mm 폭의 연륜을 형성하면서 닮은꼴로 성장한다고 하자. 그러면 1년간 약 37kg의 CO_2, 20℃ · 1기압에서 약 20kℓ의 CO_2를 목재로 축적하는 것이 된다. 성숙한 삼나무의 경우 직경이 약 1.5~2m, 높이 30~40m에 달한다고 알려져 있고, 이 등급이 되면 약 10~50톤, 5,500~28,000kℓ 의 CO_2를 목재로 축적하고 있는 것이 된다.

실제 삼림에서는 수목이 말라 죽고, 곤충이나 미생물에 의해서 분해되어지는 몫도 있기 때문에 삼림 전체로 생각한 경우, 이 수치를 상당히 차감할 필요가 있다. 그러나 수목이 계속 살아있다는 것은 살아있는 동안 목재로서 축적한 CO_2를 수체 내에 계속 가지고 있을 뿐만 아니라, 매년 성장량만큼 CO_2를 대기 중에서 흡수하여 축적을 지속한다는 것을 의미하고 있음이 틀림없다. 반대로 목재(종이 등도 포함해서)를 태우거나 썩힌다는 것은 이런 과정을 통해 고정되어 있는 CO_2를 대기 속에 방출하는 것을 의미한다.

목재를 이용한 목조 주택, 목제품, 종이 등을 손쉽게 폐기해 태워버리거나 썩게 하지 말고 제대로 재활용해서 언제까지나 계속 사용하는 것은 목재에 봉입된 CO_2를 대기 중으로 방출시키지 않기 때문에도 중요한 것이 된다. 또 한편으로 산림에서 수목을 잘라낸 후 방치하지 말고 새로운 식림을 조성함으로써 삼림이 갖는 CO_2 고정능력을 저하시키지 않는 다는 점에서도 지구환경보호에 중요한 일이 될 것이다.

◈ 참고도서 ◈

1. 中野準三, 住本昌之, 樋口隆昌, 石津敦「木材化學」Uni出版, 1983년
2. 高橋英一「硅素酸植物と石灰植物」農産漁村文化協會, 1987년
3. 레닌저(中野 眞 감역)「生化學」共立出版, 1973년
4. NHK취재반「森が危ない」日本放送出版協會, 1986년
5.「世界の山林資源問題と我が國の對應」科學技術廳 資源調査會, 1974년

칼럼-2. 광합성의 메커니즘

광합성이라는 것은 빛 에너지를 이용해서 CO_2(이산화탄소)와 물로부터 유기물(포도당)을 합성하는 반응을 말한다. 이 반응에서는 물이 분해되고 산소가 발생한다. 광합성은 식물만이 아니라 광합성 세균 같

은 미생물에 의해서도 만들어지지만 메커니즘이 다르다.

식물의 경우, 광합성은 세포 내에 엽록체라 불리는 세포내 소기관(organelle)에서 만들어진다. 엽록체는 잎이나 줄기의 세포 속에 존재한다. 빛(빛 에너지)을 받아들이는 역할은 엽록체 속에 있는 엽록소(chlorophyll)라 불리는 녹색의 색소가 담당하고 있다.

엽록체를 자세히 보면 그림에 나타냈듯이 막상의 구조(grana lamella)가 겹쳐서 싸여진 부분(grana)과 그것을 연결하는 부분(stroma lamella), 그리고 막상의 구조 이외의 액상 부분(stroma)으로 구성되어 있다. Lamella에는 엽록소가 포함되어 있고 여기에서는 빛 에너지가 화학 에너지, 즉 전자로 변환된다. 한편 잎에서 흡수된 CO_2는 stroma 중의 다양한 산화 환원효소에 의한 반응이나 탄소고정 반응주기를 거치는 반응에 의해 당으로 변환된다. 여기에서는 뿌리에서 흡수된 물을 빛 에너지가 분해하여 산소를 발생한다. Stroma 속에서의 반응 에너지는 lamella에서 공급되고 있다.

광합성의 효율을 좋게 하기 위해, 수목은 잎을 펼친다.

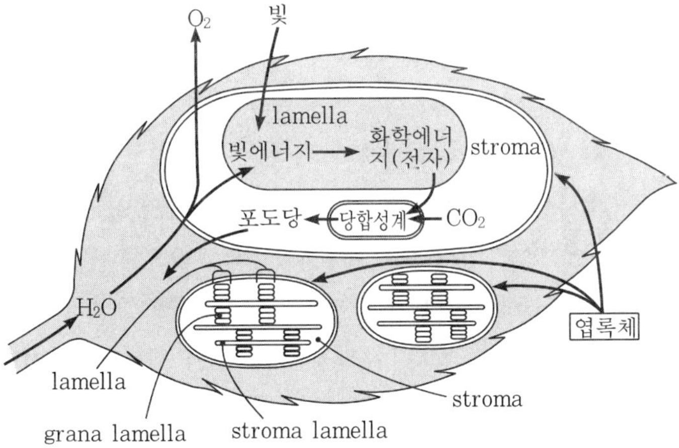

광합성은 엽록체에서 이루어진다.

광합성의 반응은 상당히 복잡하다. 보다 자세한 것은 다양한 참고서를 활용하길 권장한다. 최근 광합성을 인공적으로 행하고자 하는 연구를 활발히 하고 있다. 엽록체가 빛 에너지를 받아들이는 반응을 화학반응으로 변환하고자 하는 것이지만, 아직 성공까지는 시간이 걸릴 듯하다.

제 3 장　나무가 만들어지는 과정

일본에는 세계적으로 유명한 야쿠시마 삼나무〔역자 주 : 일본 九州 鹿兒島 屋久町에 야쿠 삼나무로 대표되는 원생림으로 수령이 1000년을 넘고 있으며, 수령이 7200년 정도의 죠오몬(繩文)삼나무도 있음〕가 수천 년의 풍설에 견디고 지금까지 계속 살아 있다. 야쿠시마 삼나무는 수목이 잘 자라면 인간보다도 훨씬 장수한다는 것을 증명하고 있다. 일본 같은 온난대 혹은 온대에서 생육하는 나무는 춘하추동의 계절 변화가 뚜렷하기 때문에 일년에 한 번씩 연륜(annual ring)이 생성된다. 이 연륜에는 그 해의 지구환경이 뚜렷하게 기록되어 있다. 삼나무의 연륜을 조사하면 수천 년 전부터 현재에 이르기까지의 지구환경의 변화를 조사할 수 있을지도 모른다.

약간 과장을 하면, 연륜은 세계의 동향도 기록하고 있다. 그림 3-1이 그 기록으로 ^{14}C(중탄소)의 연륜 내에서의 변동을 나타내고 있다.

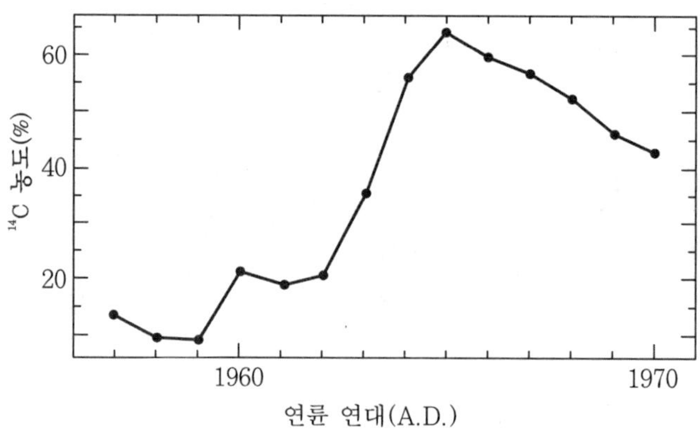

그림 3-1. 연륜 내의 ^{14}C 농도변동(米延 仁志박사 제공)

^{14}C는 탄소원자의 동위원소로 방사선을 내기 때문에 방사성동위원소라고 불리고 있다. 그림 3-1을 보면 ^{14}C는 1960년 정도부터 서서히 증가하기 시작해, 1965년경에 최대치를 나타내고 있다. 이 ^{14}C의 증감은 대기권 내에서 행하는 핵실험의 수와 좋은 상관관계를 나타낸다. 핵실험을 하면 $^{14}CO_2$(^{14}C를 갖은 이산화탄소)가 대량으로 공기 중에 생성된다. 수목은 광합성을 통해 대기 속에 포함되는 $^{14}CO_2$를 포도당으로 바꾸고 나무를 만들어 내는 세포는 포도당을 원료로 하여 목재를 만들어낸다. 이 때문에 대기 중의 $^{14}CO_2$ 농도가 수목의 연륜 속에 기록되어 있는 것이다. 이처럼 과거부터 현재에 이르기 까지 끊임없이 대기 속의 CO_2를 목재라는 형태로 고정해 온 수목은 도대체 어떻게 해서 목재를 만들어 내는 것일까.

1. 목재란 무엇인가?

「목재란 무엇인가?」이라고 질문 받는다면, 나는 항상 「세포의 사해(死骸, dead body)」라 대답한다. 시험문제로 이런 대답을 한다면 합격점은 받을 수 없겠지만 현미경으로 목재를 조사하고 있는 나로서 목재는 역시 세포의 사해인 것이다.

그림 3-2는 우리들 주위에 있는 삼나무의 횡단면을 잘라 내어, 현미경으로 본 것이다. 마치 작은 성냥갑을 무수히 모아놓은 듯한 형상을 하고 있다. 그림 3-3은 삼나무의 작은 조각을 시약으로 분해한 것이지만, 가늘고 긴 바늘 같은 것이 다발처럼 보인다. 잘 관찰해 보면 속이 빈 가늘고 긴 파이프인 것을 알 수 있다. 이 파이프를 가도관이라 부르고 가도관(tracheid)을 만들고 있는 것을 세포벽이라 부른다. 목재는 가도관의 집합체인 것이다. 이 가도관은 뿌리에서 흡수해 올린 물이나 양분을 수목 전체에 운반하거나, 수목을 지상에 지탱하게 하는 역할을

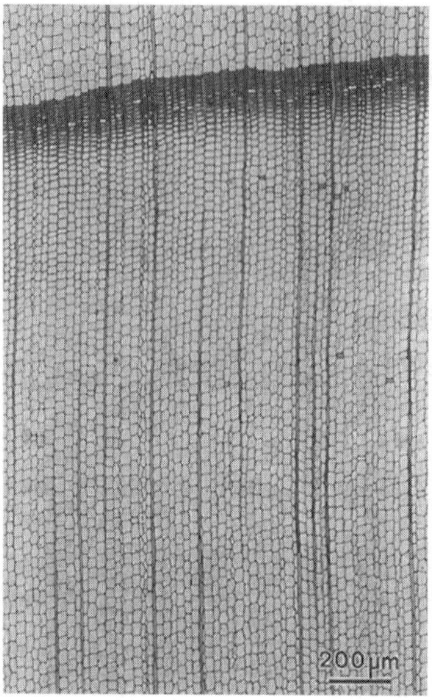

그림 3-2. 삼나무의 횡단면

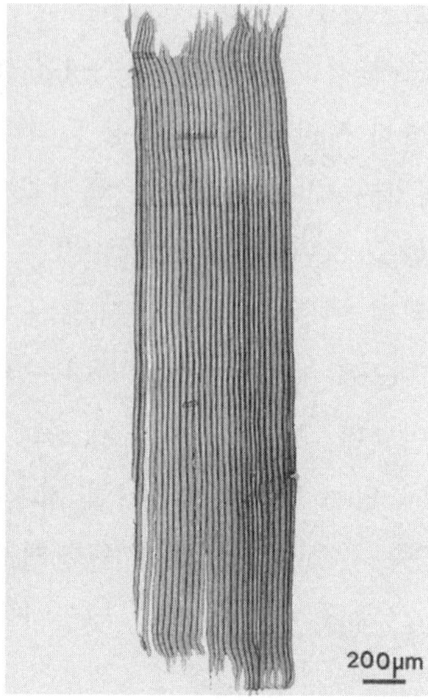

그림 3-3. 분해한 삼나무

담당하고 있다.

삼나무나 노송나무, 해송 등의 침엽수는 대부분은 가늘고 긴 가도관으로 되어 있지만, 졸참나무나 밤나무, 너도밤나무 등의 활엽수는 파이프의 종류나 배열방법이 다르다. 그림 3-4는 졸참나무의 횡단면이지만 둥글고 큰 파이프나 다수의 작은 파이프가 집합해 있다. 그림 3-5는 졸참나무를 시약으로 분해해 본 것이지만, 큰 파이프는 짧고, 작은 파이프는 가늘고 긴 것을 알 수 있다. 전자는 도관(vessel element)이라 불리고 물이나 양분을 운반하고, 후자는 목섬유(wood fiber)라 불리고 수체를 지지하고 있다.

가도관, 도관, 목섬유의 세포벽은 주로 셀룰로오스, 헤미셀룰로오스, 리그닌이라는 성분으로 구성된다. 셀룰로오스는 지구상에 존재하는 가장 풍부한 천연 유기화합물로 우리의 생활은 다양한 측면으로 셀룰로오스의 혜택을 받고 있다. 의류에 자주 사용되는 목면은 셀룰로오스이고 종이도 다량의 셀룰로오스를 포함하고 있다. 이것은 포도당이라는 당이 결합해서 긴 사슬 같은 구조를 하고 있다. 그리고 셀룰로오스가 수 십 개 집합해서 micro fibril을 형성하고 세포벽의 골격이 되고 있다.

헤미셀룰로오스는 그나지 친숙하지 않을 지도 모르겠지만, 의외로 일본 전통적 식품인 곤약에 사용되고 있다. 곤약은 곤약 열매에서 얻은 manana라는 헤미셀룰로오스에 석회유(milk of lime)를 첨가하여

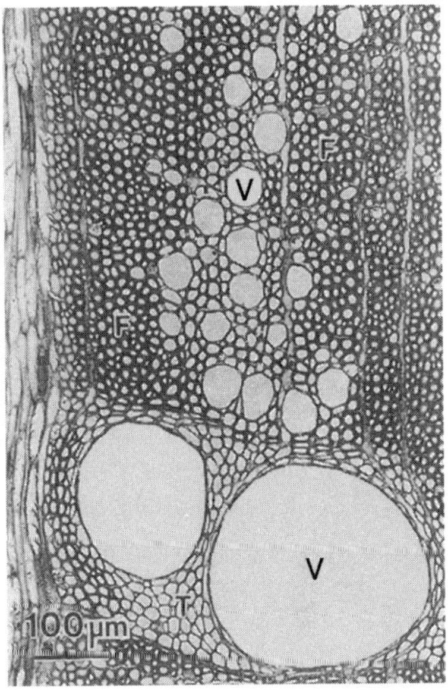

그림 3-4. 졸참나무의 횡단면
V : 도관, F : 목섬유, T : 주위 가도관
(도관을 둘러싸고 있다)

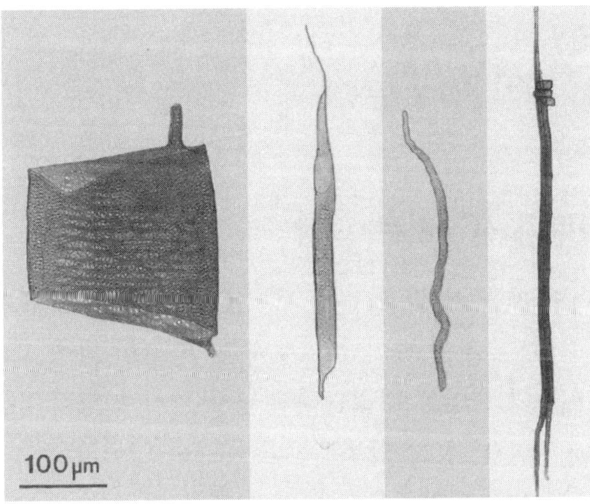

그림 3-5. 분해한 졸참나무
좌측부터 직경이 큰 도관, 직경이 작은 도관, 주위 가도관, 목섬유

굳게 한 식품이다. 목재의 헤미셀룰로오스는 manana 이외에도 여러 가지가 있지만, 어떠한 것이나 여러 종류의 당이 사슬모양이나 가지모양으로 갈라져서 결합한 고분자이다.

리그닌은 셀룰로오스나 헤미셀룰로오스와 달리 phenyl propane 단위를 기본 골격으로 한 3차원 중합체로 소위 접착제와 같은 것이다. 필자는 리그닌이야말로 목재를 목재답게 만들고 있는 성분일거라고 생각하고 있다. 왜냐 하면 목면과 곤약을 섞어도 목재처럼 딱딱해지지는 않는다. 리그닌이 세포벽에 쌓여서 딱딱해 지는 것이다. 리그닌이 세포벽에 쌓이는 현상을 전문용어로 「목화(木化, lignification)」라고 하며, 바로 「나무로 바뀌는」현상이라 말 할 수 있다.

셀룰로오스, 헤미셀룰로오스, 리그닌으로 이루어진 세포벽, 세포벽에 의해 만들어 지는 가도관이나 도관, 목섬유 그리고 이들이 배열하고 집합한 목재는 목재를 만들어 내는 세포의 활동에 의해 만들어지는 것이며 세포가 죽음으로써 남겨지는 것이 사해이다. 「호랑이가 죽어서 남기는 가죽」은 부호의 저택을 장식하는 것이지만, 「수목 세포가 죽어서 남기는 목재」는 주택을 비롯하여 종이나 연료, 최근에는 신소재의 원료 등에 사용되어, 우리들의 생활을 윤택하게 하고 있다.

2. 나무가 생장하는 과정

나무의 어릴 때를 본 적 있는가. 수 십 미터, 때로는 수 백 미터 이상도 되는 수목도, 처음 태어났을 때에는 몇 센티 밖에 되지 않는다. 예를 들면 해송의 씨앗을 뿌리면 2주 정도 지나 직경이 1 mm도 미치지 않는 황록색의 싹과 그 앞부분에 6~8장의 잎이 붙은 싹이 탄생한다(그림 3-6). 약한 바람에도 날아가 버릴 듯한 의지할 데 없는 싹이다. 이 싹이 수 십 년, 수 백 년 계속 살아가면서 수 십 미터나 되는 나

그림 3-6. 해송의 싹

직경 2~3mm의 씨앗을 뿌리면 1~2주 사이에 발아한다. 우측의 싹은 씨앗의 껍질을 아직 붙이고 있다. 수일 후면 껍질이 떨어지고 잎이 넓어진다.

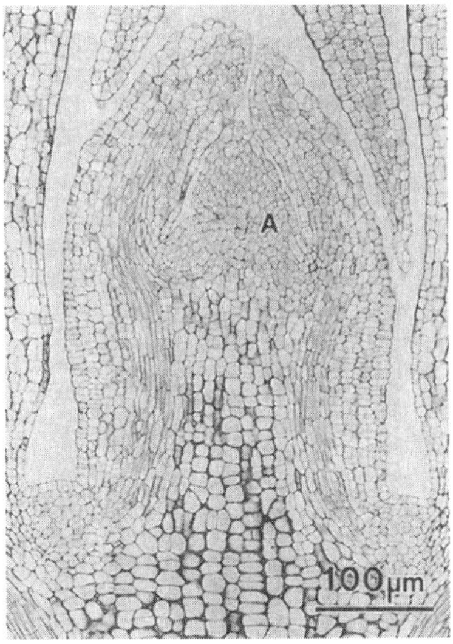

그림 3-7. 유칼립투스(Eucalyptus) 줄기의 선단부

A : 정단분열조직.
이 부분에서 세포분열이 반복된다.

무로 성장해 가는 것이다.

그럼 나무는 어떻게 자라는 것일까. 그 비밀은 나무의 선단부에 있다. 그림 3-7은 1년 사이에 수 미터나 신장을 늘리는 유칼립투스(Eucalyptus)의 선단부이고, 작은 세포가 꽉 차 있다. 이 부분이 세포를 계속 만들어 내는 장치로서 정단분열조직이라 불리고 있다. 그리고 바로 이 아래에도 분열능력을 가진 기본분열조직이 있다. 이들의 조직에서 세포분열이 반복되어 탄생한 세포는 계속 아래 방향으로 보내져, 정단분열조직은 위로 밀려올라 간다. 이 같은 활동을 봄에서 가을에 걸쳐 쉬지 않고 반복하며 수목은 그 신장을 늘려가는 것이다.

3. 나무의 줄기가 굵어지는 과정

수목은 살아 있는 동안 줄기가 굵어진다. 줄기가 굵어져 목재가 된다. 어릴 적, 누구라도 한 번은 작은 가지를 꺾어 껍질을 벗겼던 경험이 있을 것이다. 그 때, 나무의 표면이 조금 젖어 있고 젤라틴(gelatin)처럼 부드러웠던 것을 기억하고 있을 것이다. 실은 그 부분에 형성층대라는 수목을 두껍게 하는 세포군이 있다. 현미경으로 관찰해 보면 얇은 세포벽에 둘러싸인 편평한 세포가 원주방향으로 쭉 늘어서 있다(그림 3-8). 이것이 형성층대에서 각각의 세포는 약 하루에 한 번의 비율로 세포분열해서 새로운 세포를 만들어 낸다. 만들어 진 세포는 서서히 그 크기를 증가시켜 최종적인 크기에 도달한다. 이 때, 세포를 만드는 세포는 외측으로 밀려난다. 이 활동이 매일 반복됨으로써 나무의 줄기가 조금씩 굵어져 가는 것이다.

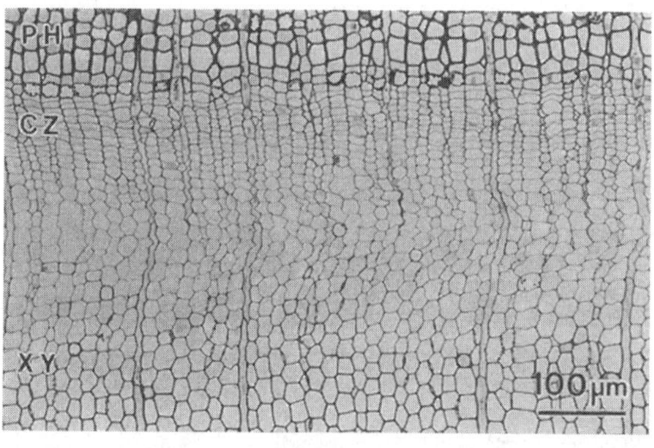

그림 3-8. 삼나무의 형성층대

PH : 사부(수피가 되는 부분), CZ : 형성층대, XY : 목부(목재가 되는 부분)
형성층대에서 세포분열이 일어나, 새로운 세포를 만들어 내는 것이다.

4. 세포벽이 형성되는 과정

수목 세포는 유관속 형성층이 세포 분열함으로써 형성된다. 동물 세포의 경우는 핵분열한 후에 세포의 중앙부가 잘록해지는 것에 의해 두 개의 세포로 나뉜다. 한편 식물 세포는 세포벽을 갖고 있기 때문에 동물 세포와 같이 중앙부가 잘록해질 수 없다. 대신에 세포판이라는 극히 얇은 세포벽을 만듦으로 분열한 세포와 세포를 나눈다. 세포분열을 마친 세포는 바로 운명이 결정된다. 침엽수에서 이 세포들은 대부분 가도관이 되지만, 활엽수에서는 도관이나 목섬유, 유세포(양분을 저장하는 세포) 등 다양한 것이 된다. 그리고 세포는 결정된 운명에 따라, 단면적을 넓히거나, 신장을 늘리거나 한다. 이때 만들어진 세포벽은 1차벽(P)이라 불리고 상당히 얇고 부드럽다.

가도관이나 도관, 목부 섬유는 정해진 크기에 도달한 후 세포벽의 두께를 늘려 간다. 이때 만들어진 세포벽은 2차벽이라 불리는데 목재가 목재다운 것은 바로 이 2차벽 때문이다. 침엽수의 가도관을 예로 들면, 우선 micro fibril(셀룰로오스가 수 십 개 다발로 된 기본섬유)이 횡방향으로 배열하여 2차벽 외층(S_1)을 만들고 이어서 micro fibril이 축방향으로 배열하여 2차벽 중층(S_2)을 만든다. 이 층은 매우 두껍게 세포벽 전체의 70～85%를 차지하기 때문에 세포벽의 물리적, 화학적 성질을 결정하고 있는 층이라 말해도 과언이 아니다. 이후 micro fibril이 횡방향으로 배열하여 2차벽 내층(S_3)을 만들어 벽층의 형성은 종료된다(그림 3-9).

이처럼 형성된 세포벽은 주로 셀룰로오스, 헤미셀룰로오스, 리그닌으로 되지만, 세포는 이들 성분을 사용하여 매우 정교하게 세포벽을 만드

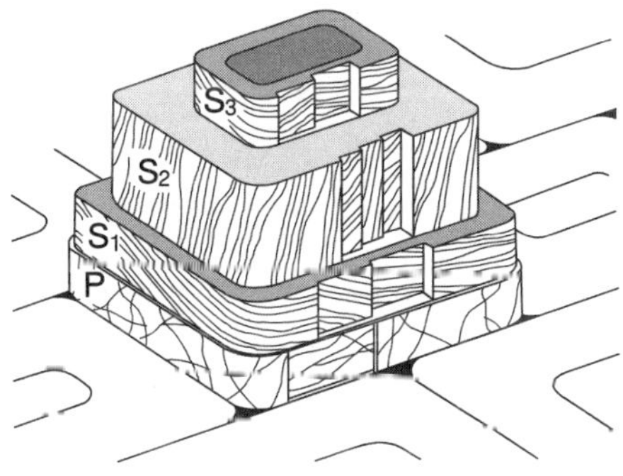

그림 3-9. 침엽수 가도관의 세포벽 모델

P : 1차벽, S_1 : 2차벽 외층
S_2 : 2차벽 중층, S_3 : 2차벽 내층

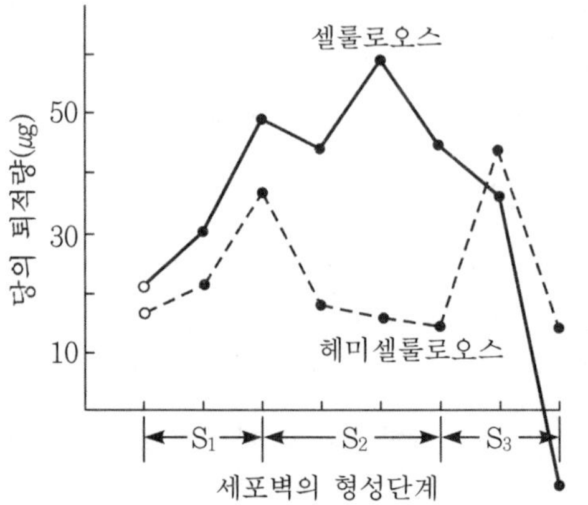

그림 3-10. 삼나무의 셀룰로오스와 헤미셀룰로오스의 축적량

다. 그림 3-10은 삼나무 가도관의 2차벽이 형성될 때에 어떤 모양으로 당이 축적되는가를 나타내고 있다. 포도당과 그 외의 당으로 나타내고 있는데 전자는 대부분 셀룰로오스에서, 후자는 헤미셀룰로오스에서 만들어진다. 이 그림에서 셀룰로오스는 세포벽 안에서 가장 두꺼운 2차벽 중층에 많이 축적되고, 헤미셀룰로오스는 2차벽 외층이나 내층에 많이 축적되는 것을 알 수 있다. 다시 말해 2차벽 속에서도 세포벽층에 따라서 셀룰로오스와 헤미셀룰로오스의 구성비는 다르게 나타난다.

그럼 또 하나의 구성성분인 리그닌은 어떨까. 리그닌은 자외선을 흡수한다. 이 성질을 이용해서 리그닌이 세포벽에 쌓이는 과정을 조사할 수 있다. 그림 3-11은 자외선 현미경으로 촬영한 세포벽을 형성 중인 삼나무이다. 리그닌은 우선 2차벽이 형성되면 동시에 세포 안쪽에 쌓이기 시작한다. 리그닌은 이것을 기점으로 해서 세포들을 접착하고 있는 층, 즉 세포간층에 쌓여 가고 서서히 2차벽으로 진행한다. 이 과정에서 중요한 것은 셀룰로오스나 헤미셀룰로오스가 축적한 후에 리그닌이 쌓이는 것이다. 세포벽의 구조는 자주 철근 콘크리트에 비유되지만, 세포벽의 형성도 그 건설과정과 유사하다. 셀룰로오스는 철근으로 세포벽의 골격을 이룬다. 헤미셀룰로오스는 철근이 한부분에만 집합하지 않도록 공간 역할을 하면서 섞이지 않는 셀룰로오스와 리그닌의 사이를 중재하는 역할도 하고 있다. 리그닌은 셀룰로오스와 헤미셀룰로오스에 의한 골조 조립이 종료하고 나서 콘크리트처럼 흘러 들어가 굳는다. 세포는 이 같이 매우 정교한 조립과정을 분자 수준에서 진행한다. 2차벽 모든 부분에 리그닌이 가득 쌓이면 세포벽의 형성은 종료한다. 이때 세포는 죽음을 맞는다.

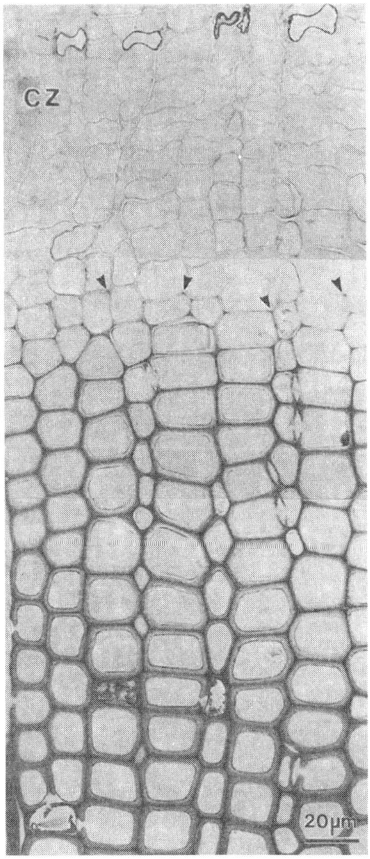

그림 3-11. 삼나무의 리그닌의 침착 방법(자외선 현미경 사진)

CZ : 형성층대. 리그닌은 자외선을 흡수하기 때문에 리그닌이 있는 곳은 검게 된다. 화살표시는 세포 안쪽에 리그닌이 쌓이는 것이 시작되는 것을 나타내고 있다

5. 세포벽 성분이 합성되는 과정

목재 세포벽의 구성 성분을 합성하는 것은 수목 세포뿐이다. 그림 3-12는 활발하게 세포벽 성분을 합성하고 있는 삼나무 세포를 전자현미경으로 관찰한 것이다. 수목 세포 중에는 핵을 비롯해 소포체, golgi장치, 엽록체, mitochondria 등 다양한 세포 소기관이 있다. 이들 소기관은 도대체 어떻게 세포벽 성분

을 합성하고 있는 것일까?

셀룰로오스는 예로부터 친숙한 물질임에도 불구하고, 식물세포에 의해 어떻게 생합성 되는 것인가 하는 것은 오랜 동안의 수수께끼였다. 연구가 비약적으로 발전하기 위해서는 연구자의 자질은 물론, 혁신적인 기술과 양질의 연구재료가 만나는 것도 중요하다. 1970년대 중반이 되어 급속 동결·동결 복사법이라는 특수한 기술이 세포를 관찰하는 방법으로 개발되었다. 이 방법은 살아 있는 세포를 순간적으로 동결해서 관찰용 시료를 만들기 때문에 살아 있는 상태에 가까운 세포를 관찰할 수 있다. 이 방법을 이용해서 처음으로 녹조(green algae)가 셀룰로오스를 합성하고 있는 것을 전자현미경으로 관찰했다. 녹조는 일반적으로 목재의 셀룰로오스보다도 수배 굵은 셀룰로오스 micro fibril를 합성하기 때문에 관찰이 용이했던 것 같다. 그림 3-13은 녹조의 일종인 Valonia의 세포막이지만, 작은 입자가 3열로 늘어서 있는 곳이 있다. 이것이 셀룰로오스를 합성하는 효소의 집합이라고 생각한다. 이 입자가 글루코스(glucose)를 하나씩 이어서 셀룰로오스를 만들어 세포 밖으로 보내고 있는 것이다.

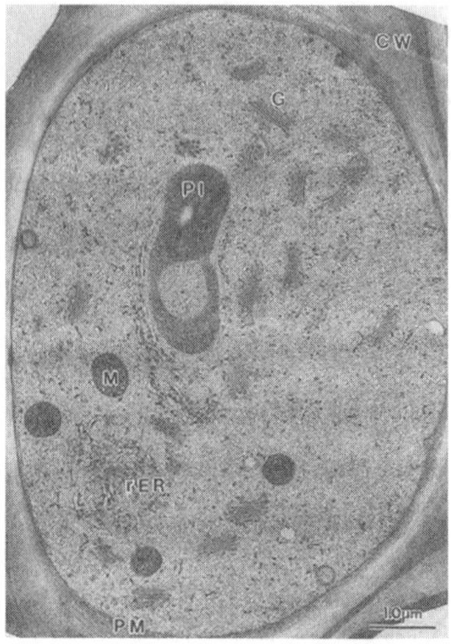

그림 3-12. 세포벽을 형성하고 있는 삼나무 세포의 전자현미경 사진(佐野 書惠 제공)

CW : 세포벽, PM : 세포막, G : golgi장치, rER : 조면소포체, M : mitochondria, PI : 색소체

셀룰로오스 합성의 관찰을 위한 좋은 재료로서, 의외로 생각될지 모르지만, 최근 일본에서 유행하는 디저트 「nata de coco」가 있다. 씹는 맛이 있는 우무 같은 식품이다. 광고 문구에서는 「섬유질이 듬뿍 들어

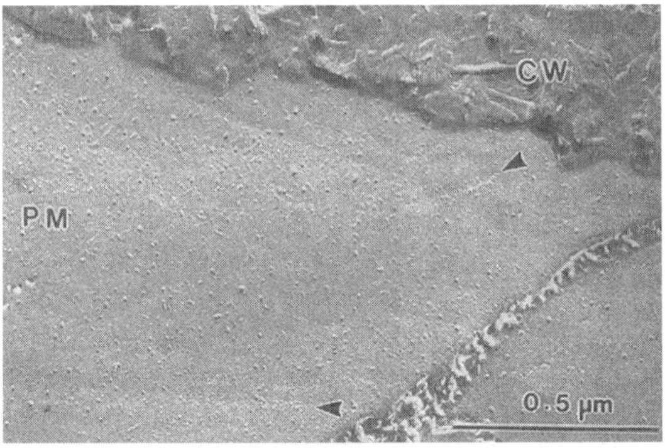

그림 3-13. Valonia(해조의 일종) 세포막 표면의 전자현미경 사진

CW : 세포벽, CM : 세포막. 화살표시는 세포막상에 셀룰로오스를 합성하는 효소가 분포하고 있는 것을 가리키고 있다.

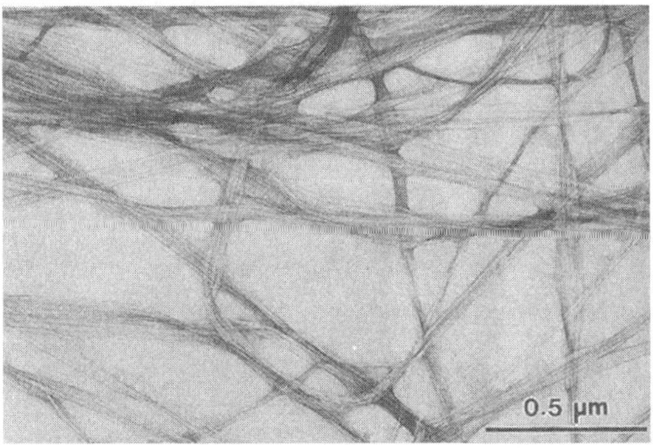

그림 3-14. Nata de coco의 전자현미경 사진(都甲 千鈴 제공)

리본은 초산균이 합성한 셀룰로오스에서 생겨나고 있다.

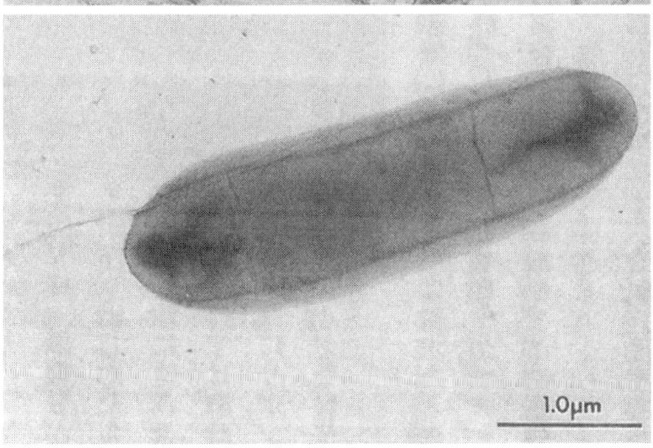

그림 3-15. 초산균의 전자현미경 사진(都甲 千鈴 제공)

타원체의 초산균에서 셀룰로오스의 리본이 만들어지고 있다.

간 건강식품」이라고 되어 있지만, 사실은 초산균이라는 박테리아가 만들어 낸 셀룰로오스인 것이다. 그림 3-14는 「nata de coco」의 전자현미경 사진이지만, 몇 십 개의 리본이 복잡하게 뒤얽혀 있다. 이 분자 배열을 조사하면, 명백히 셀룰로오스의 구조를 취하고 있다. 그림 3-15에서는 초산균이 셀룰로오스의 리본을 만들어 내고 있다. 타원체의 균에서 마치 채찍처럼 리본이 나오고 있다. 이 같은 균은 역시 급속 동결·동결 복사법으로 관찰하면 세포막 위에 작은 입자가 일렬로 늘어서 있는 것을 확인할 수 있다. 이 입자가 셀룰로오스를 합성하는 효소이다.

Valonia나 초산균은 조류나 박테리아이기 때문에 진화상 하등한 부류에 속한다. 그럼 수목 등의 고등 식물에서는 어떨까. 안타깝게도 수목에서는 관찰한 예가 없지만 콩나물이나 백일홍 등을 이용한 연구에 의하면 세포막상에 작은 입자가 육각형으로 집합해 있는 곳이 있고 이 부분에서 셀룰로오스가 합성되어 세포벽으로 보내진다고 생각된다.

헤미셀룰로오스에 특수한 화학반응을 가하면 그것만 제대로 염색할 수 있기 때문에 전자현미경으로 헤미셀룰로오스를 합성하는 세포 소기관을 관찰할 수 있다. 그림 3-16은 헤미셀룰로오스를 선택적으로 염색한 삼나무의 전자현미경 사진이다. 세포벽이 제대로 염색되어 있

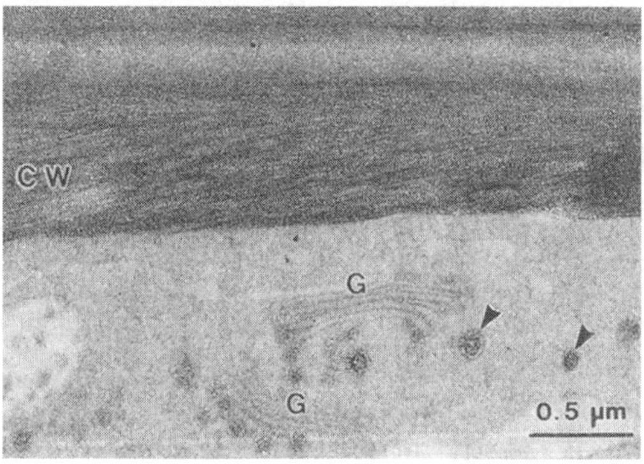

그림 3-16. 헤미셀룰로오스를 선택적으로 염색한 삼나무 세포의 전자현미경 사진(佐野 書惠 제공)

CW : 세포벽, G : Golgi장치. golgi장치나 거기에서 파생한 golgi 소포(화살표시)가 잘 물들여져 있다.

는 동시에, Golgi장치가 염색되어 있다. Golgi 장치는 golgi 조판이라 불리는 지름 1μm 정도 크기에 원반이 몇 개씩 겹쳐진 구조로, 그 주위에 지름 0.1μm 정도의 구형 golgi 소포가 붙어있지만, 사진에서는 그 단면이 보인다. Golgi 조판 내에서는 합성된 헤미셀룰로오스가 서서히 고분자화되어 golgi 조판 속에 저장된다. 그리고 합성, 고분자화된 헤미셀룰로오스는 golgi 소포 속에 메워져 세포벽으로 보내진다.

리그닌은 생합성 경로를 판명하기 위해서, 방사성동위원소(radioisotope)를 이용한 연구가 유효하다. 리그닌이 되기 전의 물질(리그닌 전구물질)에 방사성동위원소를 결합시켜서 표시하고 그것을 세포에 주입한다. 세포는 이것을 리그닌 합성경로에 집어넣어, 최종적으로 리그닌을 형성해간다. 우리는 이 표시를 전자현미경으로 관찰하면 된다. 그림 3-17은 트리튬이라는 방사성동위원소로 표시한 리그닌 전구물질을 투여한 삼나무의 전자현미경 사진이다. 검은 실밥모양의 물질이 표시한 리그닌 전구물질이 존재하는 장소이다. 이 세포에서는 마침 세포간층에 리그닌이 쌓인 곳이기 때문에 표시는 세포간층에서 보인다. 세포 내에서는 golgi 장치상에 표시가 나타나 있다. 이 것에서 리그닌 전구물질의 합성이나 운송에는 glogi 장치가 관여하고 있는 것을 알 수 있다. 그런데 리그닌은 고분자화 된 3차원 중합체이다. 이 같은 거대분자에서는 세포 내에서 세포벽으로 이동할 수 없다. 사실 고분자화는 세포벽에서 일어나는 것이다. 세포벽에는 peroxidase라는 리그닌 중합에 촉매역할을 하는 효소가 있고, 거기에 과산화수소와 세포 내에서 합성된 리그닌 전구물질이 이동해 오면 중합이 시작된다. 이 반응이 반복해 일어나고, 세포벽의 틈새가 충분히 리그닌으로 채워질 때 세포벽은 완성된다. 세포분열에 의해 생명을 얻은 수목세포는 약 1개월 안에 세포벽을 완성하고 소멸된다 전자현미경으로 최종 단계의 세포를 보고 있으면, 성치기 쉬해져 가는 것을 알 수 있다. 필자

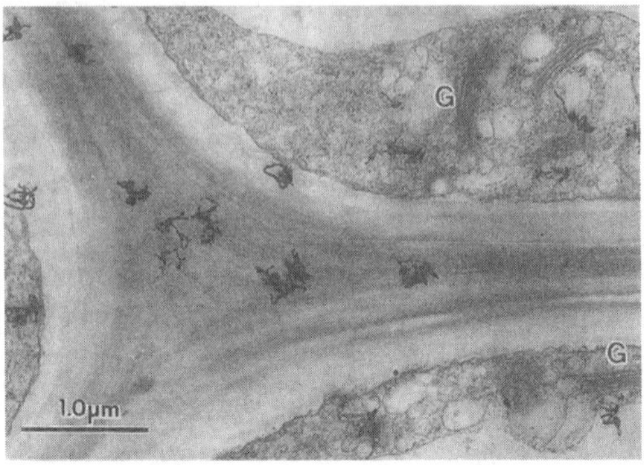

그림 3-17. 리그닌이 되는 물질의 분포를 나타내는 전자현미경 사진
(시료는 세포벽을 형성하고 있는 삼나무)
G : Golgi장치, 검은 실밥은 리그닌이 되는 물질의 존재를
나타낸다. 실밥은 세포벽과 함께 golgi장치로 보여진다.

에게는 수목세포가 마지막 힘을 다해서 리그닌을 합성하고 있는 것처럼 보인다. 수목세포가 튼튼하게 최선을 다해 만든 목재이기 때문에 중요하게 취급해야만 한다고 생각할 뿐이다.

◈ 참고도서 ◈

1. 米延仁志 외「樹木樹幹内の14C濃度(第2報)」日本木材學會誌. 1994년
2. 樋口隆昌편「木質分子生物學」文永堂出版, 1994년
3. 樋口隆昌「木質生化學」文永堂出版, 1993년
4. 島地謙 외「木材の構造」文永堂出版, 1985년

제 4 장 목재의 친환경재료 특성을 화학적으로 찾다

오늘날 우리는 대기 및 물 오염, 지구온난화, 소멸하는 열대우림(한 해에 일본의 국토 약 절반), 폭발하는 인구(20세기 초반에서는 15억 명, 21세기 63억 명, 즉 약 4배), 선진국과 개발도상국간의 경제적인 차이로 인한 문제, 에너지 문제 등 다양한 문제를 갖고 있다. 이들의 문제는 확실히 가까운 미래에 우리에게 해결을 촉구할 때가 올 것이다. 현재 우리가 직접적으로 실감하기에는 시간적, 공간적인 거리감이 있는 것처럼 보인다. 이러한 마음상태가 언급된 문제에 대한 의식을 「그 때가 오면 어떻게 되겠지」라고 안일하게 만든다. 「모모」〔역자주 : 동화소설〕의 저자로 판타지소설 작가인 독일의 Michael Ende는 이러한 문제는 과학 기술의 진보만으로는 결코 해결할 수 없고, 현실을 파악하는 의식의 개혁이 가장 중요하다고 말한다. 최근 금속, 유리, 플라스틱 등을 비롯해서 현재 제조·이용하고 있는 모든 재료에 대해서 친환경재료화가 요구되고 있는데, 목재는 이와 같은 특성을 이미 갖춘 재료인 것이다.

삼림은 공기를 만들고 물을 정화한다(그림 4-1). 물 분자식은 H_2O이고 화학 구조로 나타내면 H－OH가 된다. 화학구조의 －OH를 수산기라 한다. 목재를 구성하는 분자는 많은 수산기를 갖고 있는 것이 특징이다. 그리고 이 수산기의 존재는 같은 수산기를 갖은 물에 친숙하기 쉬운 성질(친수성)을 갖게 해서 목재가 변하거나 썩는 등의 원인이 되는 반면, 주거용 재료로서의 습도 조절기능에 중요한 영향을 미치고 있다.

이들 수산기는 친환경재료화가 강하게 요구되는 폴리에틸렌을 비롯한 대표적으로 널리 이용하는 합성고분자인 플라스틱에는 전혀 없다. 주로 탄소와 수소로 완성된 이들 합성 고분자가 물과 섞이지 않는 성질(소수성)인 것을 고려하면, 목재의 중요한 친환경재료로서의 성질은 수산기의 존재에 기원한다고 말할 수 있고, 목재의 이용측면을 고려하는데 이들 수산기의 존재는 매우 중요한다.

그림 4-1. 물과 공기를 만드는 삼림
(일본 기후현 세세라기 가도 - 高山에서 郡上八幡으로 통한다 -)

1. 목재의 세포벽 성분과 추출 성분

목재는 많은 세포로 구성되어 있다. 이들의 세포벽을 구성하는 화학성분은 목재의 95% 이상을 차지하고 주성분이라 불리고 있는데, 이것은 3종류의 고분자인 셀룰로오스, 헤미셀룰로오스 그리고 리그닌이다. 즉 가늘고 긴 셀룰로오스, 헤미셀룰로오스의 실이 세포를 종횡으로 감고 그 사이를 리그닌이 보강하도록 메워져, 목재나 섬유의 역학적 특성을 발현하는 세포벽 구조를 형성한다. 따라서 이들의 성분은 수목을 보호, 유지하기 위해 강도를 제공하고, 세포의 수분・양분 등의 통로작용에 도움을 주고 있는 반면, 화학적으로 안정하고 생리활성은 없다고 알려져 있다.

셀룰로오스(cellulose) 목재의 약 50%를 차지하는 셀룰로오스는 포도당이 많이 결합한 고분자이다. 그런 까닭에 어떠한 방법으로 분해하면 인간이 먹을 수 있거나 생물 에너지원이 되지만, 이들의 고분자 형태는 가늘고 긴 섬유상으로 세포벽의 씨실과 날실이 되고 세포벽에 매우 강한 강도를 부여한다. 그림 4-2에 셀룰로오스 분자의 수산기를 흑색의 원으로 나타내고, 산소원자를 작은 하얀 원으로 나타내 보았다. 이것을 보면 탄소 6개에 3개의 수산기가 있지만, 이것은 탄소 1개당 0.5의 수산기가 있게 된다. 즉 셀룰로오스의 절반은 수산기라고 말할 수 있다. 이 모양은 마치 수산기를 탄소로 결합한 것이 셀룰로오스 분자라고 생각되지만, 셀룰로오스 분자는 통에 세워진 젓가락처럼 잘 늘어서기 쉽게 부분적으로 규칙적인 배열하고 있기 때문에 셀룰로오스는 물에 친숙하지만 녹지 않는 것이 특징이다.

헤미셀룰로오스(hemicellulose) 목재의 약 20~30%를 차지하는 헤미셀룰로오스도 역시 셀룰로오스처럼 포도당을 비롯한 당류로 되어 있는 친수성이지만, 셀룰로오스와는 달리 갈라져 나오는 것이 특징이다. 헤미셀룰로오스의 주요 구조만 보면 그림 4-2에 볼 수 있듯이, 탄소 5개에 2개의 수산기가 있기 때문에 탄소 1개당 0.4의 수산기를 갖는다. 이는 셀룰로오스의 경우인 0.5보다 다소 적은 수산기를 갖고 이보다 큰 소수성을 띄는 리그닌과 셀룰로오스의 가교가 된다고 생각된다. 그러나 그 기능이 과연 그것뿐인지 어떤지는 명확하지 않다(헤미셀룰로오스에는 carboxyl(−COOH)기가 있고 이것을 고려하면 셀룰로오스보다 친수성인지도 모른다).

성 분	탄소 1개당의 수산기수*1
셀룰로오스 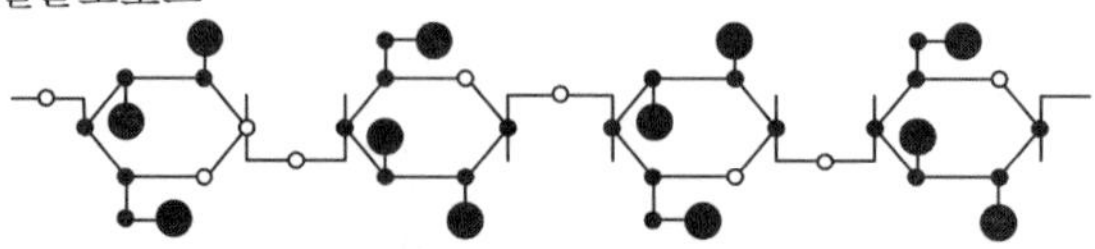	0.5
헤미셀룰로오스 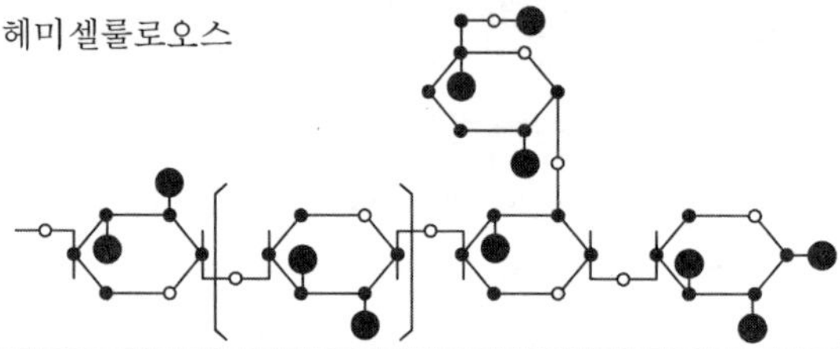	0.4
리그닌 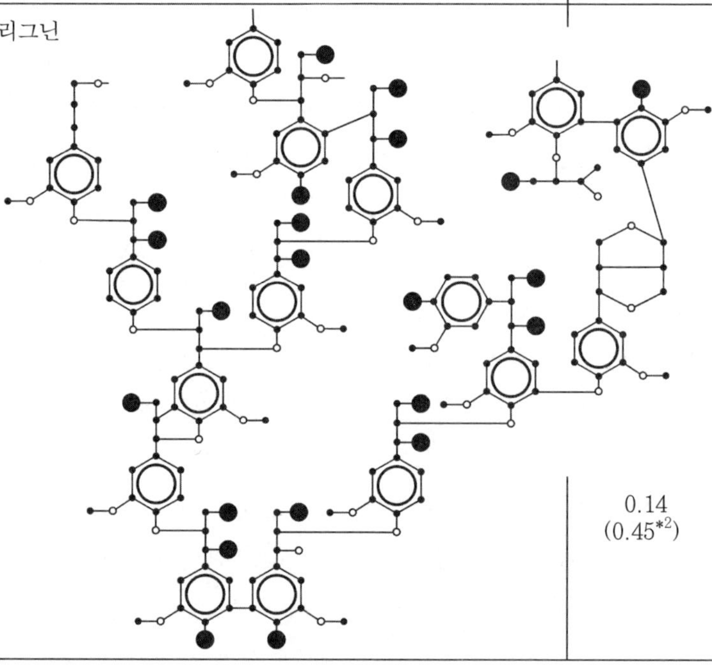	0.14 (0.45*2)

●: 탄소분자, ○: 산소분자, ●: 수산기

그림 4-2. 셀룰로오스, 헤미셀룰로오스 및 리그닌의 친수성과 소수성

*1 : 이 숫자가 클수록 친수성이 높은 것을 나타낸다.

*2 : 리그닌 전체의 벤젠환에 수산기를 도입한 경우

리그닌(lignin) 한편 목재의 20～30%를 차지하는 리그닌은 벤젠핵(그림 4-3의 육각형)을 갖는 고분자이고, 천연에서는 난분해성 고분자이지만, 표고버섯이나 팽이버섯 등과 같은 백색부후균에 서서히 분해되며, 주로 부식도 생성을 도와주고 삼림에 있는 물의 정화작용에 도움이 된다. 리그닌의 구조에는 154개의 탄소와 22개의 수산기가 있기 때문에 탄소 1개 당 수산기의 양은 0.14가 되어, 셀룰로오스 및 헤미셀룰로오스와 비교하면 훨씬 소수성인 것을 알 수 있다. 또한, 리그닌에는 벤젠환이 16개 있으며, 벤젠환 1개에 원리적으로는 3개의 수산기를 도입할 수 있다. 리그닌이 친수성을 갖기 위해 모든 벤젠환에 수산기를 도입한다고 하면 수산기의 양은 전부 69개가 되고, 탄소 1개 당 수산기의 양은 0.45가 된다. 이 수치는 셀룰로오스나 헤미셀룰로오스와 비슷하며 결국 친수성을 띈다. 즉 리그닌은 벤젠환 때문에 소수성을 띈다고 생각된다. 다시 말해, 벤젠환의 부분만 소수성인 리그닌은 셀룰로오스와 헤미셀룰로오스의 간극을 채워서 세포벽의 누수 방지와 강도에 기여한다. 즉 천연에서는 포도당에서 물을 제거하여 벤젠환이 됨으로써 소수성 리그닌을 만들고 세포벽에서의 누수방지에 이용하고 있다고 생각된다.

단지 리그닌은 완전한 소수성인 아닌 약 30% 정도의 친수성을 보유하고 있는 것, 다시 말해 어느 정도의 친수성을 유지하면서 소수화하고 있는 것은 실로 흥미로운 점이다. 만약 리그닌이 그 기능성(예를 들면 누수 방지)을 추구한 나머지 100% 소수화하고 있다면 오늘날 우리들의 '플라스틱 공해'와 같은 형태인 '리그닌 공해'라는 심각한 문제에 직면하고 있을 것이라 생각하다. 이상으로 볼 때 목재의 수성분은 많은 수산기를 갖고 있는 「목재는 물로부터 완성된 가볍고 강한 재료이다」라고 말할 수 있지 않을까? 그리고 이것이 목재가 친환경재료인 이유이다.

추출성분(extractive) 목재를 물 또는 유기용제 등의 액체에 담그면 액체에 용해되는 화합물이 나오는데, 이것을 추출성분이라 한다. 이들 추출성분은 일반적으로 미량이기 때문에 앞에서 설명한 주성분인 세포벽 성분과 다르게 부성분이라 한다. 추출성분은 일반적으로 저분자 화합물로 떫은맛의 탄닌(tannin), 꽃 색 등의 flavonoid(천연색상), 약리작용이 있는 리그난(lignan), 삼림욕 효과가 있는 terpene과 stilbene, 물고기 독 등의 사포닌(saponin), 물과 분리되는 왁스, 두충차(杜冲茶)나 Siberian Ginseng(*Acanthopanax Senticosus* Hams) 등 생약 성분인 당과 배당체 등 다종다양하고, 수종에 특유한 색이나 향기를 부여하며 수목 특유의 얼굴을 만드는 것이다. 많은 추출성분은 식물의 생리현상 제어나 생체 간 조절물질 등의 기능을 하지만, 왜 추출성분이 그러한 기능을 하는 지에 대한 상세한 것은 잘 알려져 있지 않다. 이들 성분은 인간을 비롯한 그 외의 생물에 있어서는 생리활성이 있는 것이 많다.

현재 목재를 건축용재, 가구, 종이, 펄프 등으로 이용하고, 이것은 주로 세포벽 성분을 이용하고 있지만, 이후 목재의 종합적 이용 면에서 보면 추출성분의 이용은 더욱 더 중요하게 된다고 생각한다. 목재성분의 이용에서는 목재 성분의 기능 및 효용의 직접적 이용은 당연한 것이지만, 목재의 기능발현기구를 자연에서 배우고, 목재를 연구하고, 자연을 경이롭게 대하는 것에서 지구환경문제를 생각하며 신규 재료설계의 힌트를 얻는 간접적인 이용도 생각할 수 있다. 목재성분은 합성 고분자처럼 우리의 목적에 따라 분자 설계하여 합성한 것은 아니기 때문에 그 이용이 어려운 경우가 많지만(천연재료 이용의 문제점은 여기에 있다고 생각한다), 천연에서 얻어진 재료의 성질, 특성 등의 본질을 아는 것이 우선 중요하다. 즉 「천연물을 잘 이해하고 재료개발의 힌트를 천연에서 얻는다.」라는 자세가 중요하다고 생각한다.

2. 친수성과 소수성을 가진 액정분자 - 물과 기름을 결합하다

액정이라는 것 목재는 많은 수산기를 갖고 매우 친수성을 띄지만, 목재구성분자에 폴리에틸렌 같은 소수기를 도입하면 어떠한 성질이 될까? 그 성질의 하나가 목재를 구성하는 당이 액정재료로 변하는 것이다.

1888년 오스트리아의 식물학자 F. Reinitzer는 콜레스테롤의 유도체 결정의 융점을 측정하여 이들의 화합물은 두 번 녹는다는 신기한 현상을 발견했다. 즉 녹은 결정은 액체임에도 불구하고 결정의 특성〔광 이방성 —역자 주 : 빛의 굴절 · 열전도 · 팽창률 따위 물질의 물리적 성질이 그 물체 안에서 방향에 따라 다르게 작용하는 성질〕을 나타내는 것이다(그림 4-3). 그 다음 해 독일의 물리학자 O. Lehmann은 이 같은 물질에 액체처럼 유동성을 갖은 결정, 즉 액정이라 이름을 붙였지만, 그 후 100여년이 지난 현재, 그 발견이 없었다면 오늘날의 전자공학 산업이 존재할 수 없었을 것이라고 생각한다. 액정의 재미있는 성질은 전장, 자장, 열, 소리, 압력 등의 자극에 민감하게 반응해 분

그림 4-3. 안식향산 콜레스테롤 액정의 편광현미경 사진

자의 배열을 변화시키는 점이며, 이 성질이 디스플레이, 센서, 광학소자 등에 이용되고 있다.

액정분자의 화학구조의 특징은 강직하고 단단한 봉 형태 또는 평판 형태의 부분과 구불구불한 굴곡성이 풍부한 긴 alkyl 사슬의 부분을 갖는 것, 즉 비누 분자처럼 친수성과 소수성의 부분을 갖는 것(이들의 분자를 양친매성 분자라 하고 물에도 기름에도 친숙한 성질을 갖는다), 이것에 콜레스테롤 유도체처럼 탄화수소의 비극성 부분과 에스테르 결합의 극성부분을 갖는다는 것이다. 다시 말해 하나의 분자 안에 상반되는 성질이 존재하는 분자라고 말할 수 있다.

당이 갖는 액정성 그럼 여기에서 목재 구성당의 화학구조를 보면 앞에 언급한 것처럼 많은 수산기를 갖는 친수성이며, 특히 셀룰로오스의 경우는 같은 선상 고분자로서 나선구조를 갖는 전분과는 달리 직선으로 매우 단단하고 강직한 분자이다. 그런데 이 같은 분자에 완전히 반대의 성질을 가진 폴리에틸렌으로 대표되는 분자를 결합시키면 액정화합물이 생성된다고 생각된다(그림 4-4). 즉 상반되는 성질, 친수

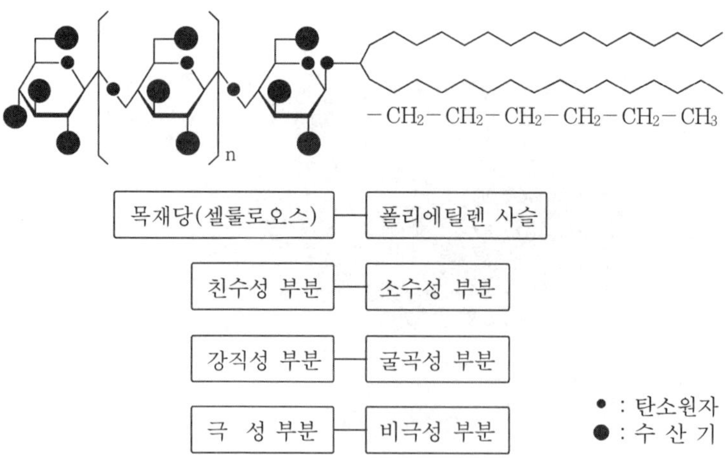

그림 4-4. 당질액정의 분자설계

성과 소수성, 강직성과 굴곡성, 극성과 비극성의 결합이다. 물과 기름은 결코 혼합하지 않지만 분자 수준에서 강제로 결합시킬 수 있는 것이다.

이 같은 생각을 기초로 처음에 합성된 분자의 화학구조를 그림 4-5에 나타내었다. 이들 화합물의 열적인 움직임을 조사하고, 또 용융시의 상태를 편광현미경으로 관찰한 결과, 합성된 모든 화합물이(포도당 유도체는 약 60~140°C의 범위에서이며 포도당이 2개 붙은 셀로비오스〔역자 주 : 환원성 이당류의 하나〕 유도체에서는 약 100~200°C의 범위에서) 액정 특성을 나타내는 것을 알 수 있다. 그림 4-6은 alkyl 사슬의 탄소 수 10의 화합물을 100°C에서 편광현미경으로 관찰한 smectic 액정 특유의 조직 사진이다.

새로운 액정의 용도 당 부분의 길이, 측 사슬의 결합위치와 수 그리고 그 길이와 구조(불포화 결합 등)의 다양성을 고려하면, 제조되는

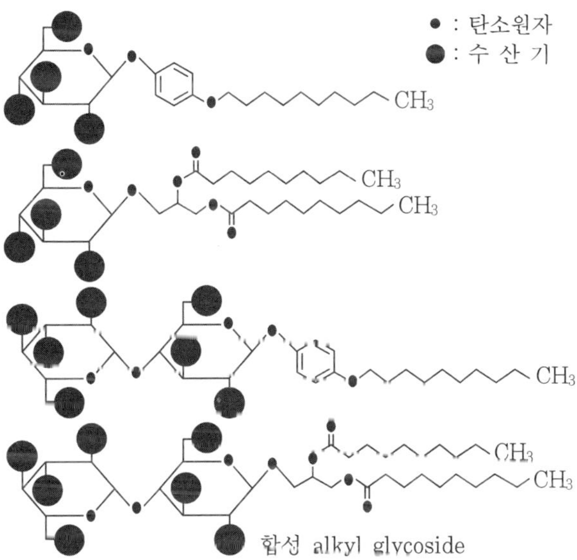

그림 4 5. 합성단질액정

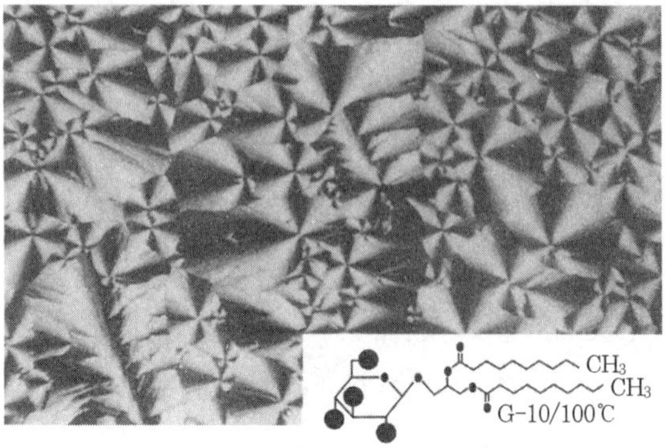

그림 4-6. 당질액정의 편광현미경 사진
● : 탄소원자, ● : 수산기

당질 액정화합물 종류의 수는 굉장히 크다. 이들의 구조와 성질의 관계를 조사하면 새로운 특성을 갖는 액정을 얻을 가능성이 충분하다.

또한 이들의 액정화합물의 이용에 대해서는 세포막 유사체라는 것을 생각하면 생물 감지기, 나아가 친수성과 소수성을 띄는 것에 착안하면 생체관련의 생화학 시약 및 계면활성제로 이용할 분야가 넓다고 생각된다. 특히 당질 계면활성제의 특색은 중성으로 매우 부드러우며, 세정력이 크고 생분해성이 우수해 환경에 가해지는 부담이 상당히 작은 이점을 가진 미래를 위한 친환경재료인 계면활성제라고 생각되고 있다. 그 이용은 부엌용 세제와 같은 각종 세제, 화장품, 유연성 부여제, 동결방지제, 젤화제, 분산제, 수지첨가제 등의 이용이 예상되고 있고, 후에 더욱 더 그 필요성이 증대될 것이다. 실제 1995년에는 미국 Emery社에서 연산 5만 톤, 독일 Duseldorf社에서 연산 2.5만 톤, 그리고 Henkel社에서 연산 9만 톤의 기계가 가동하는 것으로 되어 있다.

현재 이들의 원료인 당은 옥수수, 감자, 밀의 전분을 사용하고 alkyl화 원료는 야자유, 야자씨 기름으로써 모두 재생산 가능한 바이오매스(biomass)로부터 제조되고 있지만, 전자의 전분은 식량문제와 연결되기 때문에 미래적으로는 원료를 셀룰로오스 및 헤미셀룰로오스로 전환해야 한다. 특히, 그 원료에 목질자원의 최종 이용단계인 재활용한 목재와 폐지를 적용해야 한다고 생각한다. 환경의 부담이 적은 「목재비누(wood soap)」을 사용하는 날도 도래할 것이다. 그림 4-7은 wood soap로 만든 비누방울이다.

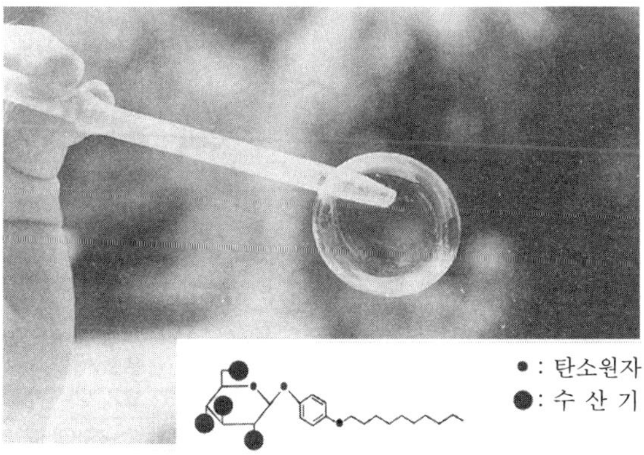

그림 4-7. 목재당질로 비누를 만든다

3. 전통공예로 보는 친수성과 소수성 - 옻

옻은 석기시대부터 옻은 오래 전부터 접착제 및 도료로 이용되어 왔다. 옻은 「옻나무」의 줄기에 칼로 상처를 내서 거기에서 스며 나오는 수액을 모아서 만든다(그림 4-8). 그 주성분인 우루시올(urushiol)은 천연에서 발견된 친수성과 소수성 모두의 성질을 가진 목재 추출성분으로 흥미로운 분자이다.

일본인이 옻을 이용한 것은 고대 석기시대로 거슬러 올라간다. 대나무 끝을 갈라 거기에 화살촉을 끼우고, 그 연결 부분을 등나무 껍질로 묶어 거기에 옻을 스며들게 한다. 지금도 그 부분만은 썩지 않고 광택

그림 4-8. 옻 채집

도 남아 있다. 극단적으로 말하면 옻 막의 내구성은 3000년 이상이 된다. 일본에서 출토한 가장 오래된 칠기로는 람태칠기(藍胎漆器)(역자주 : 가늘게 쪼개어 엮은 대를 밑바탕으로 한 칠기. 튼튼하고 가벼우며 변형되지 않는다. 중국에서 일찍이 발달하였으며, 한국의 낙랑채광총(樂浪彩筐塚)에서 출토된 〈인물칠회죽협〉이 유명하다)로, 승문(繩文)말기(지금으로부터 약 3000년 전)에 일본 아오모리현의 제천유적에서 출토한 것이다. 이것은 대나무로 짠 기본 조직에 밑바탕을 덧대어 옻을 덧칠한 것이다. 현존하는 가장 오래된 옻 그림은 호류지(法隆寺)의 비단벌레 상자의 측면에 그려진 불상 그림이다. 또 아스카(飛鳥)・나라(奈良)시대에는 많은 건칠상(乾漆像)이 만들어졌다. 8세기에 만들어진 탈활건칠상(脫活乾漆像)의 대표적인 것은 흥복사(興福寺)의 8부 중립상, 제석천과 하늘에서 격렬하게 계속 싸움을 한 아수라상(阿修羅像) 그리고 용을 먹는 가앵라상(迦櫻羅像) 등이 있다. 또 사천왕입상 등의 목심 건칠상이 있다. 헤이안문화(平安文化) 시대 중에서 평등원(平等院), 봉황당의 아미타여래상 그리고 중존사(中尊寺)의 금색당(金色堂) 등이 있다. 그리고 元祿文化를 기본으로 해서 단교시그림벼루집(木阿弥光悅 작) 팔교시그림벼루집(尾形光琳 작) 등이 만들어졌다. 현재에서도 기후현(岐阜懸) 고산의 칠공예 등 일본에는 20개가 넘는 옻 생산지가 있고, 각각 독특한 기법으로 칠기가 생산되고 있다.

즉 옻은 옛날부터 신사・불각의 건립을 비롯해서 불상 및 조각이나 갑주, 활, 화살, 칼, 마구 등의 무기와 가구, 음식기, 문방구, 장난감, 장신구 등 유기재료・무기재료를 막론하고 온갖 재료의 접착이나 도료에 이용되고 일본인의 생활에는 필수적인 귀중한 재료였다. 옻을 영어로 japan이라 하는 것은 이러한 이유에서다.

벌과 옻　옻을 접착제로서 이용하고 있는 것은 인간만은 아니다. 어떤 벌은 목재는 물론이고 돌, 금속인 주석 지붕 등 다양한 장소에 둥지를 짓지만, 재료와 둥지의 접착 및 방수에 옻을 사용하고 있다(그림 4-9). 옛날엔 옻 채취 장인이 옻을 채집 중에 자주 벌에 쏘였다고 한다. 이 말은 벌이 자주 옻나무에 둥지를 지었다는 것으로도 풀이된다.

그림 4-9. 천연 옻 채취 장인(돌에 둥지를 만드는 벌)

옻의 비밀　이러한 사실은 「옻은 천연에서 얻는 내구성이 대단히 큰 만능도료이고 접착제이다」는 것을 나타낸다. 그럼 이 접착의 비밀은 어디에 있는 것일까?

옻은 옻나무의 나무껍질에 난 상처에서 채집되는 유액상(乳液狀) 물실이다. 옻의 조성은 채취하는 시기에 따라서 함유율이 변하지만, 표준의 일본산 옻은 urushiol(60~65%), 고무질(5~6%), 질소를 함유한 물질(2~3%), 효소(laccase, 0.2%), 물(25~30%)로 되어 있다. 특히 그 주성분이 urushiol이라는 기름이기 때문에 옻 액은 「유중수구형(water in oil ; 油中水球型)」의 emulsion형(현탁액)이다. 즉 기름 속에 물의 입자가 유화해 있는 상태이다. 우유는 옻 액과는 반대의 「수중 유구형(oil in water ; 水中油球型)」으로 물 속에 기름의 입자가 유화해 있다. 즉 옻 액은 천연이 만든 emulsion형의 도료인 것이다.

주성분인 urushiol의 화학구조는 벤젠핵에 두 개의 수산기(−OH)가 옆에 무리지어 결합하고(catechol 핵이라 부른다) 또한 그 옆에 탄소를 15개에서 17개 갖고 있는 가늘고 긴 탄화수소의 사슬이 결합되어있는 간단한 구조이다. 이 탄화수소의 길이, 이중결합(C=C)의 유무와 결합 위치는 산지에 따라 약간 다르지만, 옻 액의 주성분은 기본적으로 친수성인 catechol 핵과 소수성인 탄화수소 곁사슬에서 만들어져 주성분의 구조는 앞에서 서술한 액정과 유사한 친수성과 소수성 부분으로 된 구조이다(그림 4-10).

옻 액의 emulsion에서는 phenol부분이 수구에 들어간 형태로 존재하고 이 phenol부분이 수구에 녹아 있는 효소 laccase와 산소에 의한 산화중합을 통해 고분자화 되어 접착제 또는 도료가 된다. 따라서 옻의 건조는 온도 25~30℃, 습도 70~80%라 하는 어찌 보면 모순인 듯한 다습조건에서 진행하는 이유가 여기에 있으나, 이 건조과정의 상세한 것에 대해서는 풀리지 않는 점이 많다.

옻 도료의 특징은 고가이며, 천연의 emulsion형 도료로 효소반응에 의해 경화하는 것(상온상압반응)과 100%에 가까운 고형분(무용제)이라는 것 등이 있지만, 이를 통해서 유기용매를 사용하지 않는 무공해이면서 친환경재료(eco-material)로 된 emulsion형 도료 개발의 힌트를 발견할지도 모른다. 또 칠기(漆器)는 나무, 대나무, 천, 흙, 금속, 플라스틱 등 다양한 재료로 만든다. 즉 옻은 유기물과 무기물을 불문하고 접착할 수 있는 만능접착제이다. 최근 목재와 무기재료의 복합화 연구가 이루어지고 있지만, 그것들의 접착제의 개발 힌트가 천연 옻의 접착기구에서 발견될지도 모른다.

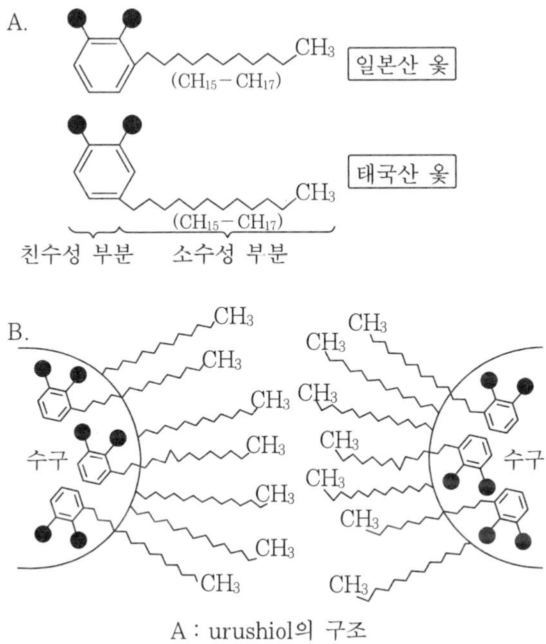

A : urushiol의 구조
B : 옻 액의 모델
● : 수산기

그림 4-10. Urushiol의 구조와 옻 액의 모델

4. 목재의 소수화와 탄화

목재가 친수성을 띄게 하는 수산기를 서서히 제거하면 목재로서의 성질이 크게 변화한다. 수산기를 제거했기 때문에 당연히 변화된 목재는 소수성이 된다.

목탄이 완성되는 과정 목재를 공기(산소)가 전혀 없는 상태나 제한한 상태에서 고온까지 가열하면 목재는 열분해 되어, 연기를 발생하고 목탄이 형성된다(그림 4-11). 이 현상이 목재의 탄화이다. 연기를 냉각하면 나무 가스와 유출액(efflux)으로 분리되고 유출액을 놔두면 상층의 목초액과 하층의 걸쭉한 검은 액체인 목타르로 분리된다. 그리고 천천히 가열(예를 들면, 20℃/시간)하면서 유출액과 나무 가스의 생성량을 측정하면(그림 4-12), 500℃까지 재의 중심온도의 발열 정점이 3가지로 나타나며, 각각의 정점에 대응해서 유출액과 나무 가스의 생성 정점이 나타난다. 이들 정점은 각각 250℃부근에서 헤미셀룰로오스, 300℃부근에서 셀룰로오스, 400℃부근에서 리그닌이 가장 왕성하게 열분해하고 있는 것을 나타낸다. 또 700℃부근의 정점은 주로 수소의 생성에 의한 것이다. 따라서 목재의 탄화에서는 가열시간 · 온도 · 온도상승속도 · 냉각속도 등에 따라 얻어지는 재료의 성질이 매우 미묘하게 변화한다. 대표적인 백탄인 비장탄〔역자 주 : 備長炭, 일본 和歌山에서 생산하는 양질의 백탄으로 화력이 강하고 연기도 적게 나오는 고급 숯의 일종〕을 40년간 태우고 있는 사람이라도 만족스러운

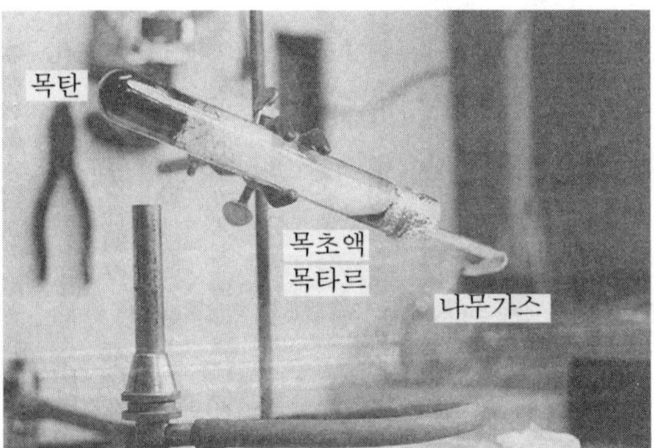

그림 4-11. 목재의 탄화

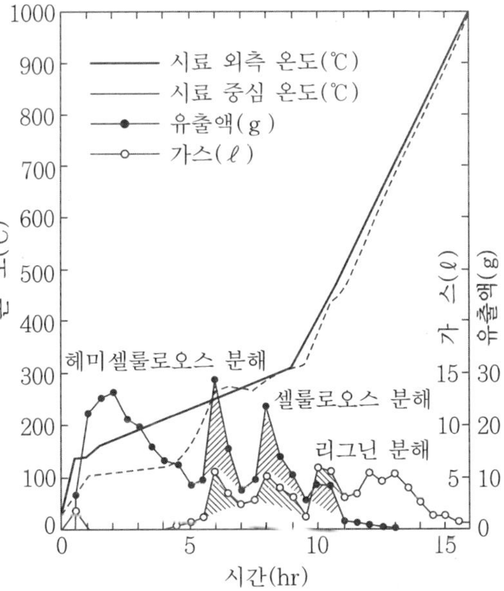

그림 4-12. 가시나무 껍질 부재(500g, 수분 35.3%)의 열분해

숯은 몇 번밖에 얻을 수 없다고 하는 것, 이것이 바로 예술의 영역이다. 즉 탄화 조건을 조절함으로써 목재에서 다종다양의 특성을 가진 목탄을 제조할 수 있다는 것은 의미 있는 일이다.

탄이 기름을 흡착하다 탄화온도와 열처리재의 수증기 흡착량을 측정한 결과를 그림 4-13에 나타내었다. 수증기 흡착량은 탄화온도의 상승에 의해 급격히 감소하고 300℃부근에서 최소가 되지만, 600℃를 넘으면 반대로 서서히 증가한다. 초기의 급격한 감소는 목재 성분에서 수산기의 이탈에 의한 목재의 소수화가 원인이 되는 수소결합에 의해 화학흡착된 수증기량의 감소 때문이다. 한편 그 후 수증기 흡착의 증가는 목탄의 표면적 증대가 원인이 되는 Van der Waals력(분자간 인력)에 의한 물리흡착한 수증기량의 증가에 의한 것이다. 이들의 결과를 고려하면 300℃부근에서 탄화된 목재는 가장 소수화이고 물이 아닌 기름을 흡착한다고 생각된다.

실제 분비나무 fiber(섬유), 톱밥, 왕겨 등의 셀룰로오스 섬유재료를 300~350℃부근에서 탄화하여 얻은 탄화섬유는 기름흡착제로서 우수한 성질을 가졌다고 보고되고 있다(北海島 임산시험장). 얻은 탄화섬유를 샐러드유와 물에 넣어 흔들어 섞으면 섬유는 샐러드유를 흡착해서 기름을 포함한 구 모양이 된다(그림 4-14). 이들 재료는 가정용 기름 흡수제나 유송선에서 유출한 기름의 회수 등에 이용되어 지구환경 보전에 도움이 된다고 생각한다. 이 탄화법은 폐지에도 적용되며, 새로운 폐지 이용으로도 주목되고 있다. 한편 조습제로서의 특성은 보다 고온에서의 열처리가 요구된다. 이와 같이 목재는 탄화 조건에 따라 기름을 흡수하는 목재도 되고 물을 흡수하는 목재도 되는 것은 흥미로운 것이다.

숯의 새로운 용도 목재의 탄화온도와 전기저항의 관계에 대한 연구에서 800℃ 이상에서 탄화한 경우, 탄소 함유율이 90% 이상 되고 전기저항이 극단적으로 작게 되는 것을 발견했다. 생성된 목탄은 전자파 차단제와 같은 신소재로 이용한다는 보고가 있다(교토대학교 목질

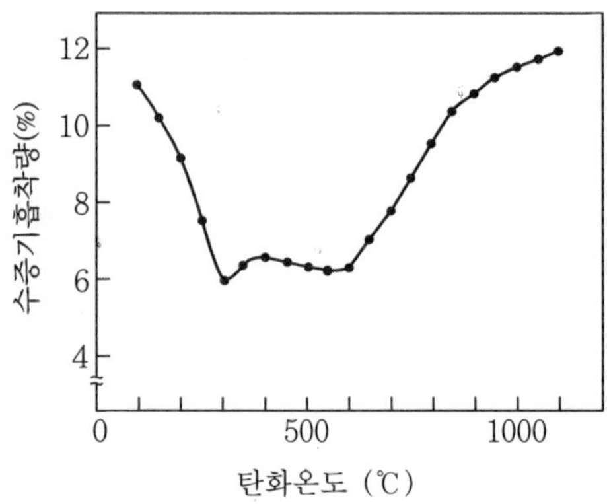

그림 4-13. 탄화온도와 수증기 흡착량

그림 4-14. 탄화섬유의 기름 흡수실험

과학연구소의 石原외). 이 외, 목탄의 이용은 다양한 환경 정화재료 및 미생물 증식재료 등 다양하게 이용되지만, 목재의 탄화정도에 따라 다양한 특성을 갖는 기능성 재료를 생각할 수 있다. 또한 목탄의 탄화에 의해 생성되는 목초액(wood vinegar)은 탈취제나 천연 농약 등의 용도로 고려하고 있다.

이처럼 목탄은 검정색이지만, 그 이용은 결코 어둡지 않고 밝은 미래가 펼쳐져 있다고 생각된다. 최근에는 간벌재, 주택의 폐자재로부터 연속 탄화로(炭化爐)에 의해 목탄을 제조하고, 이것을 토양개량재로 이용하고 있다. 목재의 최종적인 이용으로써 탄화에 의해 탄산가스가 아닌 흙으로 돌아가는 것은 지구온난화를 방지한다는 점에서도 매우 중요한 목재의 이용이라고 생각된다.

과거의 대량소비와 한 번 쓰고 버리는 석유 경제에서 탈피하고 목재의 연구와 이용을 통해서 지구환경보전을 생각하고 개선하고자 하는 것은 대단히 중요한 것이다.

이 책이 Michael Ende가 말한 것처럼 「의식의 개혁」에 조금이라도 보탬이 된다면 다행이겠다.

◈ 참고도서 ◈

1. 右田伸彦 외 편「木材化學(上・下)」共立出版, 1998년
2. 佐藤進 저「液晶とその應用」産業圖書, 1984년
3. 山辺知行 외 저「原色日本の美一20染織・漆工・金工」小學館, 1978년
4. 「名寶日本の美術, 2 法隆寺, 5 興福寺, 9 平等院と 中尊寺」小學館, 1981-1982년
5. 永瀬喜助「漆の根本-天然漆の魅力さぐる-」研究社, 1986년
6. 炭やきの會編「炭と木酢液」家の光協會, 1991년
7. 杉浦銀淨治 편저「炭燒革命」牧野出版, 1992년

컬럼-3. 목탄과 환경

목재를 구워서 탄화한 것을「목탄」이라 한다. 목탄은 생산량이 줄었다 하더라도 화력이 오래 지속되는 좋은 연료로서 가정용 난방이나 바베큐의 연료로도 넓게 이용되고 있다.

그런데 숯은 다양한 화학물질을 흡착하는 성질이 있다. 숯(활성탄)은 가정용으로 이용하는 정수기나 냉장고의 탈취에도 사용하고 있으며, 이것은 숯의 흡착력을 이용한 것이다.

숯이 흡착재로서 작용하는 이유는 표면에 열린 미세한 구멍이나 탄화 후도 형태가 남아 있는 식물의 가도관 등의 관이 있기 때문이다. 이 같은 구멍이나 관은 숯의 표면적을 넓게 하는 데에 도움 되고 여기에 들어간 화합물은 화학적 결합에 의해 숯에 흡착된다.

최근 목탄은 환경 개선재로서의 용도로 주목하게 되었다. 예를 들어 숯을 오염된 하천, 연못, 저수지 등의 바닥에 깔아 두면, 오염된 물이나 탁했던 물을 정화하는 데 효과가 있다는 것을 알게 되었다. 또한 토양개량재로서 채소류, 벼, 과수 등의 다양한 식물의 생육을 촉진하는 현상도 관찰되고 있다.

탄화의 재료로는 기본적으로 유기물이면 충분하지만, 일반적으로 셀룰로오스나 리그닌을 주성분으로 하는 식물성인 것이 좋다. 활엽수나 침엽수의 소경목, 간벌재, 가지, 목재가공의 다양한 단계에서 발생하는 모서리 나무, 주택의 폐자재, 콘크리트 건축에 사용된 거푸집(파렛), 대나무, 맹그로브 재, 야자 껍질, 과실 껍질, 왕겨 등이 탄화 재료

말레이시아에 있는 폐재를 이용한 목탄 생산과 폐재(상)를 톱밥으로 덮어서 태워 숯을 굽는다. 덮어 태움 이라고 한다(하). (古元 隆行, 병연흥업 제공)

가 된다. 따라서 이 같은 폐기물로 숯을 만드는 것은 목재를 친환경재료다운 이용법이다. 동남아시아에서 행해지고 있는 목재폐기물을 탄화하는 모습을 사진으로 나타내었다.

한편 숯을 태웠을 때에 발생하는 가스를 냉각하면 끓는점이 낮은 성분이 액체로 얻어지고 이것은 목초액(역자 주 : 목초액은 나무가 타면서 생성되는 액체로서, 나무의 모든 에너지가 기체화되면서 응축된 에너지로 볼 수 있습니다. 목초액의 주성분은 유기산제 280여종(초산 등), 미네랄 12종(칼슘, 마그네슘, 나트륨, 철 등) 미량원소 13종(게르마늄, 알란토인, 비타민 등)으로 알려져 있다. 이러한 목초액은 인체의 간암, 간경화, 당뇨 등의 치료제 뿐만 아니라 식품보존 및 항산화제로도 사용되며 농업, 축산, 환경개선 등의 여러 범위에서 활용되고 있다)이라 부른다. 초산 등이 포함되어 신맛이 나기 때문에 초액이라고도 부른다. 목초산은 천연농약으로서도 효과적이라는 것이 알려져 있다.

제 5 장 환경복합재료로서의 목재

석유나 석탄 등의 화석자원과 달리 목재는 삼림에서 재생산되면서 인류와 공존하며, 인류 문화발전에 중요한 역할을 해 왔다. 이것은 목재가 천연의 우수한 복합재료이고 쾌적한 주거환경에 좋은 재료이기 때문이다. 여기에서 이러한 천연 복합재료 「목재」의 모습을 화학적 · 물리적 · 생물적 측면에서 정의하고, 목재가 갖는 친환경재료(eco-material)로서의 역할을 알아보고자 한다.

1. 천연의 복합재료 「목재」

이미 반복해서 설명되어 있듯이 목재는 셀룰로오스, 헤미셀룰로오스, 리그닌의 3가지 주요 화학성분으로 된 천연 복합체이다. 이들의 화학성분은 목재의 세포벽 속에서 균일하게 혼합해서 분포하고 있는 것이 아니라, 각 세포벽 부위에서 다른 농도를 갖고 불균일하게 분포하고 있다. 따라서 목재의 다양한 성질을 이해하기 위해서는 세포벽 내에서 화학성분 분포를 아는 것이 필요하다. 그래서 목재를 구성하는 대표적인 세포로, 침엽수재에서는 95%정도의 부피를 차지하는 가도관과, 활엽수에서는 80~95%정도를 차지하는 목섬유의 구조와 주요 화학성분의 분포에 대해서 설명하기로 한다.

목재는 철근 콘크리트와 같다 가도관이나 목섬유는 수간의 축 방향으로 평행하게 다발처럼 배열해 있는 길이 1~6mm, 폭 20~70μm의 가늘고 긴 관모양의 세포이다. 세포벽은 앞에 서술했듯이 주로 셀룰로오스, 헤미셀룰로오스 및 리그닌으로 구성되어 있고, 셀룰로오스

결정은 세포벽의 골격이 되고, 헤미셀룰로오스는 기반(matrix)이 되며 리그닌은 충전물질로서 기능을 하고 있다. 따라서 세포벽을 철근콘크리트 건물로 예로 들면, 셀룰로오스는 철근으로 인장에 강하고, 리그닌은 콘크리트로 압축에 강하다. 그리고 헤미셀룰로오스는 철근과 리그닌 사이의 결합을 좋게 하는 작은 골격의 철사라고 말할 수 있다.

생합성의 입장에서 목재의 세포생성을 보면, 셀룰로오스와 헤미셀룰로오스는 세포벽이 비후될 때에 거의 동시에 만들어 지는 것에 비해 리그닌은 세포벽이 비후가 어느 정도 진행한 후에 만들어 지기 시작한다고 알려져 있다. 이 순서에 대해 세부적인 부분은 제외하고 보면 그림 5-1에 나타난 철근 콘크리트의 건축상황과 대칭이 된다. 철 골격에 해당하는 셀룰로오스 micro fibril은 셀룰로오스 분자가 집합해서 생긴 폭 50Å정도의 실 모양의 결정 구조물이고, 그림 5-2에 나타냈듯이 세포벽을 구성하는 1차벽과 2차벽에서 상당히 정교히 배열해 세포벽

그림 5-1. 고가 도로의 공사현장

상 : 셀룰로오스와 대응되는 철근
하 : 리그닌과 대응되는 콘크리트가 철근을 메워 완성된 것

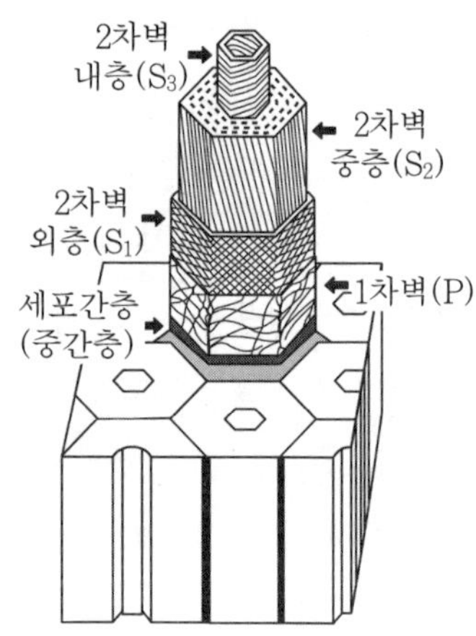

그림 5-2. 침엽수 · 가도관 및 활엽수 · 목섬유의 세포벽 모델
(Wardrop 및 Bland에서)

층을 구축하고 있다. 이 중에서 1차벽은 불규칙적으로 늘어선 셀룰로오스 micro fibril에 의해 만들어지지만, 1차벽이 차지하는 비율은 극히 소량이다. 한편 2차벽은 셀룰로오스 마이크로 피브릴(micro fibril)이 배열하는 방향에 따라 2차벽 외층, 중층, 내층으로 구분된다. 부피가 가장 큰 2차벽의 중층은 세포전체의 80% 정도를 차지하고, 그 화학적・물리적 성질이 세포전체와 나아가서는 목재의 성질에 크게 관여하고 있다. 이 2차벽의 중층에서 셀룰로오스 micro fibril은 세포섬유 축에 대해서 일정한 각도(배향각)를 갖고 나선구조를 하고 있다. 당연히 이 각도는 세포전체의 성질에 크게 영향을 미치는 것이기 때문에 대단히 중요하고, 강도적인 면에서는 작은 배향각이 바람직하다고 할 수 있다. 이 같은 벽층 구조를 갖는 세포벽은 철근 콘크리트로 메워진 것처럼 리그닌으로 메워져 복합체를 만들고 있다.

그리고 그림 5-3은 북미 산 침엽수 20종, 40개 샘플에서 얻은 가도관의 2차벽 중층의 micro fibril의 배향각과 리그닌 함량과의 관계를 나타낸 것이다. 이것은 2차벽 중층에 형성된 셀룰로오스 micro fibril의 배향각이 증가함에 따라 그 후에 형성되는 리그닌의 양이 많아지는 것을 나타낸다. 리그닌의 80% 정도가 2차벽에서 생성되는 것을 생각하면 이 결과는 생합성의 과정에서 앞서 형성된 셀룰로오스 micro fibril에 의한 층 구조의 약점을 리그닌이 성교하게 보강하고, 균형이 잡힌 이상적인

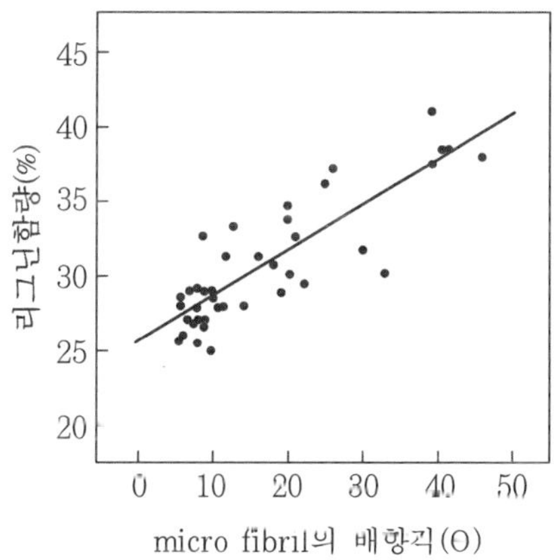

그림 5-3. 가도관 2차벽 중층에서의 micro fibril의 배향각과 리그닌 함량과의 관계(Saka 및 Tsuji 제공)

복합체를 구축하고자 하는 것을 나타내는 것이다.

셀룰로오스와 리그닌은 물과 기름 이미 제4장에서도 설명했듯이, 셀룰로오스와 헤미셀룰로오스는 둘 다 친수성의 고분자이지만, 리그닌은 소수성의 고분자이다. 물과 기름의 관계까지는 아니더라도 섞이기 힘든 고분자의 조합이다. 그럼에도 불구하고 어떻게 야쿠시마 삼나무나 미국 Yosemite 국립공원의 Sequoia(그림 5-4)같이 나무 지름 수 미터, 나무 높이 백 미터의 거대한 수체를 육성하고 수 백 년에 걸쳐 풍우에 견디는 것이 가능했을까? 합성고분자와 다른 재료를 복합할 때에는 양쪽의 친화력을 좋게 하고, 양쪽의 계면에서의 접착성을 높이기 위해서 상용화(miscibility)제라는 것을 소량 첨가하는 일이 자주 있으며 이것에 의해 복합체의 물성은 현격히 향상된다. 그러면 목재의 세포에서도 그 같은 과정이 이루어져 있는지 여부를 살펴보자.

그림 5-5에는 세포벽 중에 있는 미세구조 수준에서의 셀룰로오스 micro fibril, 헤미셀룰로오스 및 리그닌의 관계에 대한 모델을 나타내었다. 이 모델에서는 3개의 고분자가 잘 복합화하고 있는 것을 확인할

그림 5-4. 미국 Yosemite 국립공원의 세쿼이아

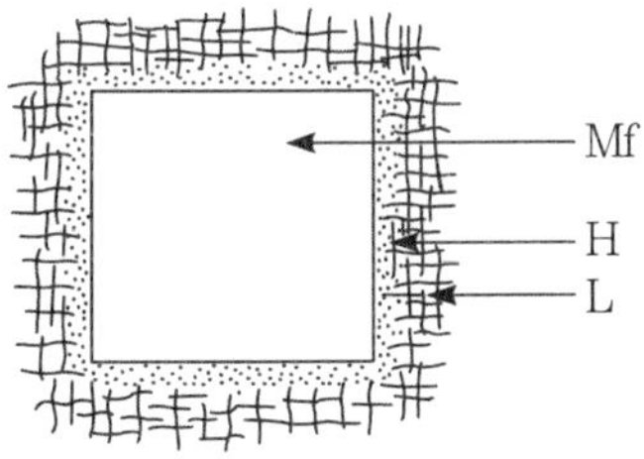

그림 5-5. 세포벽 중에서 cellulose micro fibril, 헤미셀룰로오스 및 리그닌의 배열구조 모델

수 있다. 즉 셀룰로오스 micro fibril은 구조적으로 유사한 헤미셀룰로오스와 인접해 있으며 헤미셀룰로오스는 비결정의 리그닌과 공존하고 있다. 또한 헤미셀룰로오스는 리그닌과 화학적으로 결합하여 리그닌-탄수화물 복합체(LCC)를 형성하고 있다. 교토대학 농학부 白石교수의 연구(Takase 및 Shiraishi)에서 LCC가 목재 내부에서 소수성인 리그닌과 친수성인 탄수화물의 계면에 위치하여 양쪽의 친화력을 좋게 하면서 상용화제처럼 활동하여 복합체의 기능을 뚜렷하게 높이고 있는 것을 실험적으로 증명하였다.

이 같은 복합체는 하나의 건물 같은 거대한 수준이 아니라 섬유세포 1개의 미세한 수준으로 구축되어 있다. 이 복합체의 세포는 인접하는 세포와 소수성의 리그닌에 의해 접착되어 물이 세포에서 빠져나가는 것을 방지하면서 견고한 구조를 형성하고 있다. 게다가 방사방향으로 유조직 세포(parenchyma cell)를 형성하고 때로는 수종에 특징적인 내부후(耐腐朽) 성분을 생성하면서 연륜이 쌓여 거대한 수체(水体)를 형성하고 있는 것이다. 그 덕분에 수체는 자연환경에서 받는 강한 풍우 등에 견딜 수 있다. 이것은 셀룰로오스 micro fibril만으로 되어 있는 해조가 물 속에서 흔들리며 생존하고 있는 것과는 대조적이다.

2. 목재의 친환경재료(eco-material) 특성

이와 같이 치밀한 구조를 갖는 수체는 생물체로서 생명활동을 이어가는 한, 뿌리에서 지속적으로 물을 흡수하여 수체로 공급하고 있다. 이 같은 상황에서는 목재가 썩는 것도, 치수가 변하는 것도, 불에 타는 것도 힘들 것이다. 그러나 우리가 수목을 잘라 재료로 이용할 때에는 건조에 의하여 수축하고 휘는 부분이 생기는 등 천연의 우수한 복합재료도 결점을 드러낸다. 따라서 여기에서는 목재를 소재로 했을 때 eco-material(친환경재료)성과 환경보전에 도움이 되는 수목에 대해서 서술해 보고자 한다.

목재의 3대 특징 목재에는 「타고」, 「썩고」, 「치수변화 되는」이라는 세 가지의 특징이 있다. 즉 목재는 건조하면 타기 쉽고 적당히 젖어 있으면 미생물이나 곤충에 침해받기 쉽게 된다. 또 젖으면 팽윤되고, 말리면 수축한다. 이러한 특징은 때로는 결점이 되지만 환경재료로서 장점도 된다. 즉 폐기 소각 시에 유독가스를 내는 많은 합성고분자에 비해 목재는 무해하고 태우기 쉬우며, 땔나무와 숯의 용도로 쓰이고, 버섯을 배양하는 재료로도 이용하고 있다. 또한 공해를 일으키지 않으면서 미생물에 용이하게 분해되는 점이 합성고분자의 결점을 보완하고, 지구 오염을 일으키지 않는 환경재료로서 바이오 플라스틱 개발을 가능하게 하고 있다(白石信夫 외 「바이오 플라스틱의 모든 것」). 건조에 의한 치수의 변동은 반드시 결점만은 아니다. 1200년 이전에 만들어진 東大寺・정창원(正倉院)의 校倉양식〔역자 주 : 긴 목재를 정(井)자로 틀을 짜 올려 벽을 만든 건축양식, 일본 나라의 正倉院이 유명함〕(그림 5-6)는 이러한 목재의 특징을 잘 이용한 것이다. 공기가 건조하면 나무는 수분을 방출하면서 수축하여, 건물 내부의 습도 저하를 방지하는 한편, 밖의 습기가 높아지면 흡습해서 나무가 팽창하여 습한 공기를 차단하면서 건물 내부의 공기를 조절하는 것이다. 이른바 천연의 공기 조절기인 것이다.

이렇듯 이들 특징은 목재의 결점이 되는 경우가 많다. 그런데 사용의 목적에 따라 결점을 개량하기 위해서는 목재의 특성을 가능한 살리면서 환경오염이 적은 효과적인 처리를 할 필요가 있다. 그렇게 하면 야쿠시마 삼나무나 세쿼이아(scquoia)의 수체처럼 몇 백 년이나 보존이 되는 목재를 만들 수 있을 것이다. 또 그 같은 처리를 하지 않더라도 사용법에 따라서는 법륭사의 건물처럼 1300년 이상의 사용할 수 있다는 점은 주목할 만하다.

그림 5-6. 정창원의 나무로 짜 올린 창고

지구의 온난화와 수목　표 5-1에는 인류에 의해 파괴된 지구환경에 대해서 정리한 자료를 나타내었다. 최근 공업이 활성화 된 150년 사이에 자연파괴와 환경오염이 지구전체로 확대된 것을 나타내고 있다. 이 중에서 열대림의 감소, 지구의 사막화, 지구의 온난화 등을 보면 수목이 환경보전에 대해서 얼마나 큰 역할을 맡고 있는가를 알 수 있다. 그러므로 여기에서는 지구 온난화와 수목의 관계에 대해서 생각해 보자.

대기 중에 포함된 이산화탄소, 메탄, 수증기, 오존 등을 「온실효과 가스」라 하며, 이 가스들은 지구를 둘러싸고 거대한 온실을 만들고 있다. 대기가 없다면 지구의 표면은 마이너스 18℃이고 지구는 어느 곳이나 얼음 세계가 된다. 하지만 이들 가스로 인해 열을 지구에서 우주로 방출되는 적외선이 통과하기 힘들게 되어, 지상을 평균 14℃의 적

표 5-1. 인류에 의한 지구환경파괴

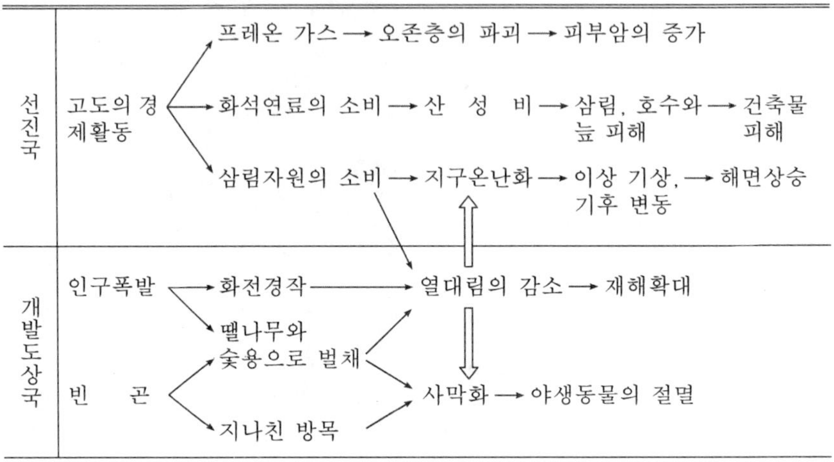

(齊藤武雄「지구와 도시의 온난화」에서)

당한 온도상태로 유지하고 있다고 「지구와 도시의 온난화」라는 책에서 齊藤 武雄씨는 서술하고 있다. 즉 지구는 대기의 존재로 인해 32℃로 따뜻하게 유지되고 있는 것이다. 그러나 공업화의 진전과 함께 증대해 온 석유 등의 화석연료의 소비로 인해서 CO_2 등의 배출량이 급격하게 증가하면서 몇 억 년이나 걸쳐서 형성되어 온 지구의 안정한 환경이 서서히 변화하고 있는 것이다.

그림 5-7에는 남극의 Siple기지에서 채취한 빙상(氷床)의 중심에서

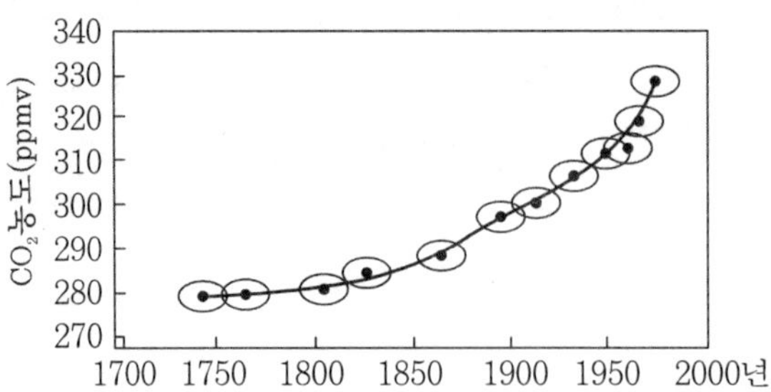

그림 5-7. CO_2 농도의 변동(田中正之 외「기상연구 노트」에서)

얻은 공기의 분석을 통해 구한 과거의 CO_2농도 변동을 나타내고 있다. 200년 남짓 되는 기간동안 CO_2가 280ppm에서 356ppm(1993년 10월 현재)까지 상승하고 있는 것을 확인할 수 있다. 한편 그림 5-8에는 지상에서의 기온 변화 관측치를 나타내고 있다. 적은 수치지만, 서서히 기온이 상승하고 있는 상태를 볼 수 있다. 또한 기상청 기상연구소는 「50년 후에는 北海島 Okhotsk해의 기온이 4℃나 상승한다」(1994년 5월 26일, 朝日신문에서)라고 발표하고 있다. 이 같은 변화는 자연이나 농어업에 큰 영향을 미친다고 예상하고 있으며, 이미 자연에 있어서도 조금씩 변화가 보이고 있다. 그 하나의 예는 그림 5-9에 나타냈듯이 나가사키 호랑나비 등의 분포가 북으로 확대되고 있는 것이다. 유충이 감귤류를 먹는 일도 있고, 전에는 규슈(九州), 시코쿠(四國) 남쪽에서만 생식하던 남방계의 나비가 지금은 교토(京都), 오사카(大阪), 고베(神戶)까지 북상하여 토착하고 있는 것이다. 이들의 결과를 종합하면 지구의 온난화는 확실히 진행하고 있다고 말할 수 있다.

지구온난화 문제의 연구로 알려진 미국 캘리포니아 대학의 Charles Keyring 교수는 이 처럼 매년 착실히 증가해 온 대기 중의 CO_2 농도

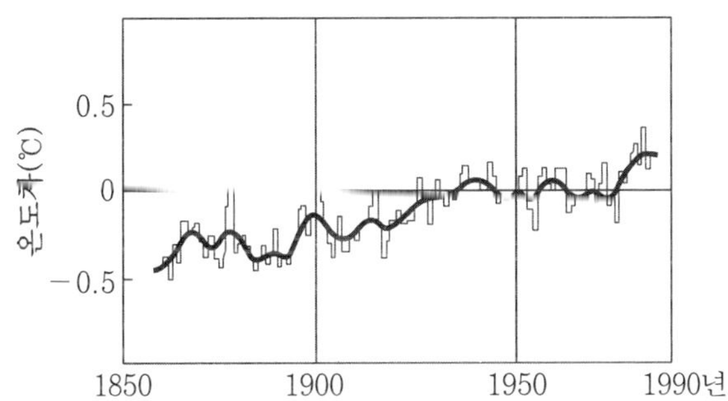

그림 5-8. 연 평균 지상기온의 변화(관측치)
(존즈 외 「지구와 도시의 온난화」에서)

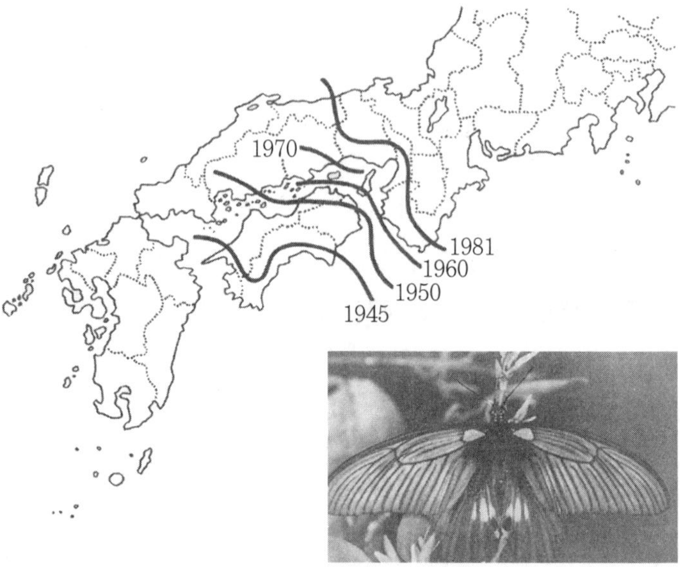

그림 5-9. 나가사키 호랑나비와 그 분포의 북방한계선
(福田晴夫 외 「원색 일본 나비류 생태도감1」에서)

의 증가가 2년여 동안 급격히 둔해지고 있다는 것을 밝혔다. 이러한 이유는 1991년 6월 13일 피나투보(Pinatubo)화산(필리핀)의 분화로 방출된 대량의 화산탄으로 인해 일사가 감소하고, 그 후 육상에서는 저온, 다우, 해양에서는 해면온도의 저하 등이 일어나고, 특히 다우 등의 기후 변화가 지상 식물의 성장을 촉구했기 때문이라고 설명하고 있다. 식물은 CO_2와 물에서 태양 에너지를 얻어 엽록체의 활동으로 광합성하고, CO_2를 유기물로서 화학적으로 고정하고, 앞에 서술한 셀룰로오스, 헤미셀룰로오스, 리그닌 등으로 변화하고 있다. 따라서 Charles Keyring 교수의 보고는 2년 사이에 약 35억 톤(탄소환산)의 CO_2가 예년에 비해 여분의 유기물로 고정되고 이것은 석유 등 화석연료의 소비에 의한 CO_2 농도 상승분을 식물이 상쇄한 것이 된다(1993년 11월 13일, 朝日신문에서).

그런데 해양에는 대기 중에 존재하는 CO_2에 비해서 그 50배의 탄산성 물질이 녹아 있음에도 불구하고, 그 대부분이 탄산수소 이온의 형태로 존재하며 해수 중에서 화학평형을 이루고 있기 때문에 간단하게 CO_2의 흡수 능력을 향상시킬 수는 없는 것이다(片桐晃「환경보전」8호에서). 따라서 지구상의 CO_2 농도를 억제하기위해서는 식물의 탄소동화작용에 의지해야 한다. 게다가 지구상 식물의 약 90%가 삼림으로 이루어져 있는 것을 생각하면, 수목이 CO_2에 의해 일어나는 지구온난화방지에 도움이 되며 환경 보전을 위해 얼마나 중요한지를 쉽게 상상할 수 있다.

「나무」의 고마움 이제 이야기를 지역적인 측면에서 살펴보도록 하자. 1993년 여름 일본에는 예년과 다르게 비가 자주 내렸다. 이 때문에 주변에서 토사 붕괴가 일어났다. 이 모든 것은 「나무」와 관계되어 있다. 사찰을 연결하는 임도를 개간하여 폭 2m 정도의 길을 200m 정도 늘려서 지반이 물러졌으며, 또 수림과 죽림으로 둘러싸인 높고 평평한 곳에서 지반이 물러져 토사가 붕괴되어서 지은 지 3년이 안 되는 집 3채가 붕괴된 토사에 밀려 내려가 버렸다. 토사가 붕괴된 곳은 수림 옆의 죽림이었다.

이처럼 우리들을 둘러싼 자연환경 속의 눈에 보이지 않는 곳에서 「나무」는 우리들을 부드럽게 지켜주고 보호해 주고 있는 것을 다시 한번 느끼게 한다. 환경문제는 지구 전체에 영향을 주는 과제인 동시에 개인의 문제이기도 하다. 이것과 연관된 환경 보전림을 중시하면서 경제림을 효과적으로 이용하는 것을 고려해야 한다.

3. 친환경적인 Super Wood를 찾아서

지금까지 천연의 우수한 복합재료 「목재」의 구조와 특징에 대해서

개괄적으로 서술하고, 그 친환경재료(eco-material)성에 대해서 언급하였다. 지구 전체적인 측면에서 환경오염이 대두되고 있는 지금의 상황에서, 수목의 역할을 바르게 인식하는 것이 중요하다. 삼림자원은 자원→생산→이용·소비→폐기의 경로를 거쳐서, 다시 CO_2와 물로부터 새로운 삼림자원이 생산된다. 이 재생이용의 흐름 속에서 우리들은 목재를 효과적으로 이용하고 환경재료로서의 장점은 살리면서 결점은 효과적으로 개선하고 새로운 기능을 부여하여야 한다. 이를 위해서 우리들은 앞에 서술한 목재의 3대 특징을 결점으로 인식해서, 「타지 않고」, 「썩지 않으며」, 「치수변화가 없는」 목재를 만들려는 화학가공의 연구를 활발히 진행하고 있다. 이때 목재의 특성을 가능한 살릴 수 있는 효과적인 처리를 하는 노력이 필요하다. 또 폐기 시 환경오염이 발생하지 않는 처리를 이용해야 한다. 적절한 방화처리나 방습처리, 방부처리 등에 의해 어떠한 수종이라도 야쿠시마 삼나무나 세쿼이아처럼 몇 백 년이나 보존·이용되는 목재로 개선시킬 수 있다면, 자원 재활용의 기간을 보다 길게 하는 것이 된다. 이것은 늘어난 시간만큼 CO_2를 유기물로서 장기간동안 고정하여 지구환경 보전의 관점에서도 의미를 갖는 것이라 말할 수 있다. 우리들은 이 같은 관점에서 보다 좋고 우수한 목질계 재료의 개발을 진행하고자 한다. 이 연장선상에 Super Wood가 있고 친환경적인 수퍼목재(Super Wood)야 말로 그 기대에 부응할 것이다.

◈ 참고도서 ◈

1. A.B. Wardrop, D.E. Bland, Proc. 4th Intern. Congress. Biochem., 11, 92, 1958
2. S. Saka, M. Tsuji, Cellulose Chem. Technol. 21, 225-231, 1987
3. H. Harada, W.A. Cote, Jr., Biosynthesis and Biodegradation of Wood Components, Academic Press, New York, 1985

4. S. Takase, N. Shiraishi, Wood Processing and Utilization, ed. by J.F. Kennedy, G.O. Phillips, P.A. Williams, Ellis Horwood Limited, Chichester, 1989, pp.243-249
5. 白石信夫 외「バイオプラスチックのすべて」工業調査會, 1993년
6. 齊藤武雄「地球と都市の 溫暖化」森北出版, 1992년
7. 田中正之 외「氣象研究ノート」160號, 日本氣象學會, 1987년
8. Johnsons 외 1986년「地球と都市の 溫暖化」齊藤武雄 저, 森北出版, 1992년에서 인용
9. 福田晴夫 외「原色日本蝶類 生態圖鑑 I」保育社, 1982년
10. 片桐晃「環境保全」8號, 京都大學 環境保全センター, 1993년

제 6 장　수퍼우드(Super Wood)

목재는 삼림에서 공기의 정화, 수원지 함양(headwater conservation, 水源池 涵養), 재해방지 등의 역할을 하면서 생산된 후, 건축, 가구, 악기, 운동기구, 미술·공예품 등의 재료나 종이 등의 원료로서 널리 이용되고 있다. 또한 폐기 단계에서 건축폐자재는 건축재료, 목질계 재료, 목탄, 비료 등으로, 종이는 재생지로 일부가 재활용되고 있다. 목재는 생산, 이용, 재활용, 폐기에 이르는 모든 단계가 무공해이며 환경에 부담을 적게 주는 환경과 조화를 이루는 환경재료이다.

그러나 유용 열대림의 난벌이나 화전에 의한 삼림파괴, 사막화, 산성비에 의한 삼림붕괴, 환경보호에 의한 수목벌채 규제나 금지 등, 지구 전체적인 면에서 보면 목재자원을 둘러싼 문제는 상당히 심각한 상황이다. 일본에서는 전쟁 후 계속 조림되어 온 삼나무로 대표되는 침엽수가 이미 벌채기가 되어 목재공급은 수요를 넘는 상황에까지 이르렀다. 그러나 삼나무에 관해서는 아직까지 가격이나 목질의 문제 등에 따라서 그 적용을 제한하고 있는 것이 현실이다. 앞으로 외재의 수입에 대해 한 층 엄격한 제한을 할 것으로 예상되기 때문에 국산 침엽수재를 효과적으로 이용하는 것이 점점 중요하다고 생각한다.

목재의 생산과 이용을 조화시키기 위해서는 성능이 좋고 내구성이 높은 목질계 재료를 개발하거나 물리·화학적 처리에 의해 목재의 성능과 내구성의 향상을 추구하고 목재의 사용기간을 연장하기 위해 노력하는 것이 필요하다. 또한, 미 이용 저질목재, 임지 잔폐 목재나 공장 잔폐 목재 등을 원료로 하는 새로운 재료의 개발을 진행하는 것이 매우 중요한 것이라 생각된다.

1. 목재의 이용

목재의 이용에는 목재 성분의 이용을 목적으로 하는 것과 목재가 갖는 성질의 이용을 목적으로 하는 것이 있다. 전자에는 목재의 성분을 분별하여 이용하는 경우와 성분을 총체적으로 이용하는 경우가 있다. 후자에는 목질계 재료로서 이용하는 경우, 물리·화학처리 후 이용하는 경우, 소재 그 자체로 이용하는 경우가 있다.

성분을 분별하여 이용 목재는 주로 셀룰로오스, 헤미셀룰로오스, 리그닌이라는 성분으로 구성되어 있다. 분별이용에서는 목재로부터 이들의 성분을 분별하여 각각의 성분을 이용한다. 이 경우, 목재에서 각 성분을 효율이 좋으면서 저렴한 가격으로 분별하는 기술이 필요하다. 목재의 작은 조각을 내압용기에 넣어 28기압 정도의 수증기를 도입하여 몇 분간 처리한 후, 급격히 상압(常壓)으로 돌리면 나무 조각은 폭발, 파열되어 섬유상으로 되며 쉽게 성분이 분리된다. 물에서 추출하면 헤미셀룰로오스가, 이어서 알코올 또는 묽은 알칼리로 추출하면 리그닌이 용출해서 셀룰로오스만 남게 된다. 이렇게 해서 성분을 분리하는 방법을 증자폭쇄법(蒸煮爆碎法)이라 한다. 분별한 각각 셀룰로오스는 종이를 비롯해 알코올, 기능성 셀룰로오스, 신규 플라스틱 등의 원료로, 헤미셀룰로오스로는 감미료, 식품첨가물, 의약품 등의 원료로, 리그닌은 접착제, 탄소섬유 등의 원료로 이용하는 것을 검토하고 있다.

성분의 총체적 이용 성분을 분별하지 않고 성분을 그 자체로 이용하는 것이 총체적 이용이다. 목재의 성분을 총체로서 이용하기 위해서는 전처리가 필요하다. 전 처리에는 증자폭쇄처리 외, 가소화(可塑化, plasticization)나 액화 등의 방법이 있다. 목재를 화학처리하여 열 용융(熱溶融)하는 물질로 변환시키는 것을 목재의 가소화라고 한다. 목재에 에테르화나 에스테르화 등의 화학처리를 행하면, 열가소성이 나타난다. 목재를 유기용제에 용해시키는 것을 가용화(可溶化) 혹은 액화라고 한다. 액화법에는 목재를 내압용기에 넣고 250℃에서 phenol류나 polyol류 등에 용해시키는 고온 고압 무촉매법과 강산을 촉매로 하여 목재를 150℃에서 phenol류나 polyol류 등에 용해시키는 중온 상압 촉매법의 2종류가 있다. 목재를 탄화해서 이용하는 것도 총체적 이용의 하나이다.

증자폭쇄 처리한 목재성분은 사료, 식용 버섯의 배양재료, 인조섬유의 원료 등으로서 이용되고 있다. 가소화 및 액화한 목재성분으로 필름, 성형품, 발포체, 탄소섬유, 접착제·도료 등을 만들 수 있다. 최근 플라스틱류의 폐기가 문제가 되고 있지만, 고급 지방산의 에스테르나 벤젠화 등의 화학처리를 한 목재성분으로 만들어진 플라스틱에는 생분해성이나 광분해성이 있기 때문에 주목되고 있다. 목재를 탄화한 것은 흡착제, 토양개량제, 연료 등 많은 것에 이용될 수 있다.

목재의 성분이용에서는 제재공장의 폐목재, 미 이용 저질목재, 목재외 미 이용 식물 등을 원료로 이용할 수 있으며, 목재의 유효한 이용과 탄소의 고정에 의한 환경보전에 공헌한다고 여겨진다. 그러나 화학처리는 환경오염으로 이어지는 경우가 있기 때문에 처리과정이나 폐기단계에서 환경오염을 방지하는 조치가 필요하다.

목질계 재료로서 이용 목재에는 목질에 개체차(個體差)가 있고 이용할 수 있는 크기에도 제약이 있다. 건축 재료에는 목질이 균일할 것, 높은 신뢰성이 있을 것, 크기에 제약이 없을 것 등이 요구된다. 목질 재료에서는 목재의 세포벽이 가진 매우 정교한 복합구조에서 나타나는 특성을 이용한다. 목재를 다양한 크기·모양에 따라서, 즉 섬유, 작은 조각, 단판 등으로 세분화하여 그것들을 접착·결합해서 목질에 편차가 작고 신뢰성이 높으며 크기에 제약이 없는 공학목재(엔지니어

우드)로 재생시킨다. 목질 재료의 종류는 많다. 주택의 기둥이나 대들보 등 강도를 받는 구조 재료로는 집성재, 단판적층재, 파라람〔역자 주 : 단판을 겹쳐서 붙인 것, 압축 접착한 목재나 집성재보다도 강하고 용도도 폭 넓은 공학목재〕 등이 이용되고 벽, 마루, 가구 등의 판재로 이용되는 재료로는 합판, 파티클보드, 섬유판 등이 있다. 또한, 이들 재료끼리 혹은 이들과 다른 재료를 조합한 다양한 복합재료가 있다.

① 집성재 - 혹은 소각재(小角材)를 그 섬유의 방향을 서로 평행하게 해서 길이, 폭 및 두께의 방향으로 적층·접착한 것으로 대형 구조물의 내력부재(耐力剖材), 주택의 기둥, 상인방〔역자 주 : 기둥과 기둥 사이의 벽 윗부분에 가로지른 나무〕, 문틀 등에 이용되고 있다.

② 단판적층재 - 단판의 섬유 방향을 서로 평행해서 적층·접착한 것으로 가구부재, 주택 내장 재료 및 구조용 재료에 이용되고 있다.

③ 파라람 - 침엽수의 단판을 섬유 방향으로 길고 얇게 절단 후 phenol수지를 도포하여 섬유 방향으로 늘어놓아 마이크로파 가열을 병용한 연속 프레스에서 형성한 것으로서 구조부재나 공예품 등에 이용되고 있다.

④ 합판 - 단판의 섬유 방향이 서로 직교하도록 보통 홀수의 매수로 적층·접착한 것으로서 마루, 벽의 기초, 콘크리트의 거푸집을 비롯해 다양하게 이용되고 있다.

⑤ 파티클보드 - 작은 조각(particle)에 접착제를 첨가하여 열압·성형한 것으로 마루, 지붕, 벽의 기초나 중심 재료 등에 이용되고 있다. 작은 조각의 모양이나 크기에 따라 많은 종류의 파티클보드가 있다. 얇고 가늘고 긴 작은 조각에 접착제를 첨가한 후, 기계적 또는 전기적으로 그것들을 배향시킨 것을 배향성 스트랜드보드(OSB : oriented strand board)라 부른다.

(4) 파라람

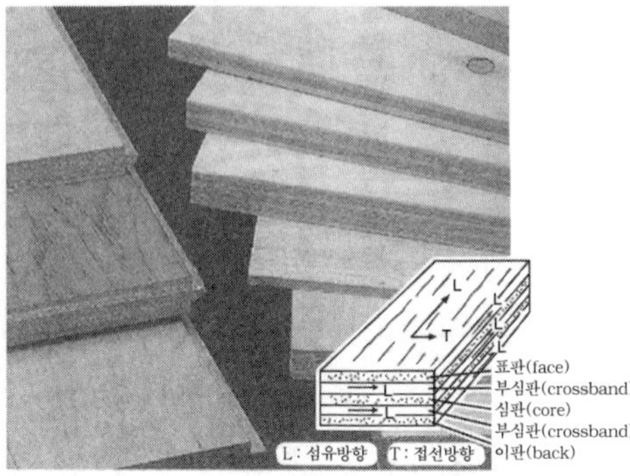

(1) 합 판

(5) 파티클보드

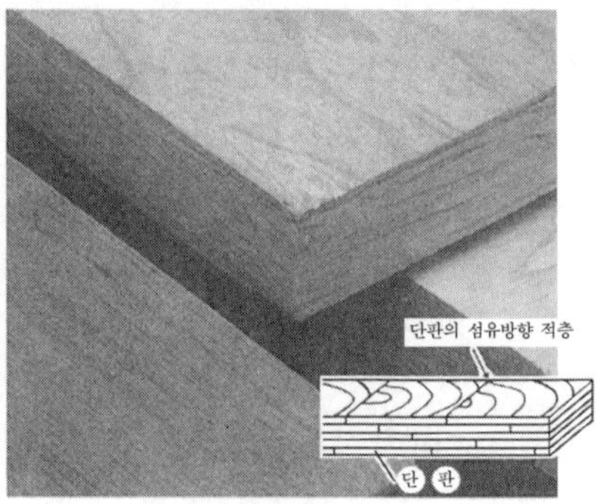

(2) LVL

(6) 섬유판

(3) 집성재

그림 6-1. 다양한 공학목재(CONFORT NO.8에 의한다)

⑥ 섬유판 - 작은 조각을 섬유로 풀어 접착제를 첨가한 후 판재의 형태로 떠서 가열 · 건조 혹은 열압 · 건조한 것이다. 비중 0.4이하의 것을 insulation(단열재) fiberboard라 하고 천정이나 벽 내장이나 기초 등에 사용한다. 비중 0.4~0.8의 것을 중밀도 섬유판(MDF : medium density fiberboard)라 하고 가구재나 조작재의 중심, 마루 기초, 벽 패널의 중심 등에 이용된다. 비중 0.8~1.45의 것을 hardboard라 하고 주택의 외벽, 마루의 기초와 마무리, 자동차의 내장재 등에 이용된다.

물리 · 화학처리 목재로서 이용 목재의 세포벽이 갖는 정교한 복합구조의 큰 파괴 없이 세포벽이 갖는 우수한 역학적인 성질을 계속 살리면서, 물리 · 화학처리를 통해, 치수변화, 부후, 탄화 등의 결점을 개량하거나, 새로운 성능 · 기능을 부여한 목재를 물리 · 화학처리 목재라 한다. 물리 · 화학처리 목재의 목적은 목재의 결점 극복, 목재의 성능 향상, 또는 목재에 기능부여, 내구성의 증대 등 목재의 고부가 가치화를 위한 목재의 이용범위의 확대를 꾀하고 삼림자원의 절약 및 환경보호에 공헌하는 것에 있다.

소재로서 이용 목재는 기본적으로 기둥, 보 등의 주택부재, 가구, 악기, 식기, 미술 · 공예품 등의 재료로서 이용이 있다.

2. 수퍼우드(Super Wood)

목재는 가공이 용이하고 가볍고 강하며 단단하면서도 편안함을 주는 재료이다. 목재의 색은 따뜻하게 느껴지고, 나무결의 모양은 자연스럽고 상쾌한 느낌을 준다. 목재로부터 빛의 반사는 방향에 따라서 다르고 특유의 광택과 질감을 준다. 목재는 단열성에 우수하고 습기를 흡수 · 방출하는 특성이 있으며 목재로 둘러싸인 공간에서는 온도조절이나 습도조절이 자동적으로 이루어진다. 또한, 목재의 향기는 기분을 상쾌하게 한다. 이처럼 목재는 주택의 구조재료나 내장 재료로서 우수한 성질을 갖고 있다.

반면에 목재는 수분변화에 따라 불균일하게 팽윤·수축하여 휘어짐, 비틀림 등의 변화나 갈라짐이 나타나고 부후나 흰개미로 인한 생물열화(生物劣化)가 발생하기 쉬우며 불에 타는 좋지 않은 성질도 가지고 있다. 그러나 이러한 특성 대부분은 폐기할 때에는 오히려 도움이 되므로 좋은 성질이라고도 생각할 수 있다. 목재의 물리·화학가공에서는 가공, 사용, 폐기, 재이용의 단계에서 환경의 오염을 만들지 않는 배려가 필요하다.

목재가 갖는 우수한 성질은 남기고 바람직하지 않는 성질을 보다 우수한 성질이 되도록 개선한 목재를 슈퍼우드라 부른다. 목질계 재료 중에서는 집성재나 단판적층재 등은 이것에 포함될 수 있지만, 이 외에는 다음에 나타낸다.

물리 가공 목재 삼나무 등의 부드러운 질의 목재를 주택의 마루, 벽 등의 내장 재료나 가구재로 이용하기에는 표면의 경도와 내마모성이 문제가 된다. 이것을 향상시키기 위해서는 목재를 압축하는 것이 효과적이다. 목재의 단판을 압축한 후 건조하면 변형은 고정된다. 이 현상을 드라잉 세트(drying set)라 한다. 머리카락을 적셔서 빗으로 머리 형태를 정리한 후 드라이어로 건조하면 형태가 고정되는 현상과 비슷하다. 그러나 다시 머리카락을 적시면 정리한 형태가 망가지듯이 드라잉 세트한 목재를 다시 더운물에 담그면 변형은 거의 회복된다. 목재는 형상 기억 합금과 같은 성질을 갖고 있다.

드라잉 세트가 회복되는 것을 이용해서 다양한 가공을 할 수 있다. 그림 6-2에 나타낸 하트모양의 노송 제재에 뚫은 작은 구멍에 삼나무 화살을 통과한 큐피드의 화살이 하나의 예이다.

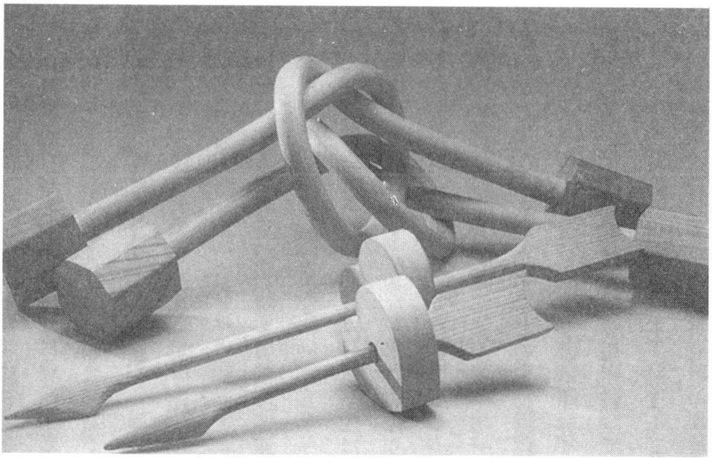

그림 6-2. 목재 변형의 회복을 이용한 가공 예(큐피드의 화살)
((주)소년사진신개사 제공)

목재를 압축해서 이용하기 위해서는 변형을 영구히 고정할 필요가 있다. 영구고정에는 화학처리나 수지처리가 효과적이다. 변형된 상태에서 목재성분의 분자 간 가교결합을 형성시키거나 수지분자에 변형한 목재성분 분자를 고정하면 변형은 영구히 고정된다. 최근, 열처리나 고압 수증기가 변형의 영구고정에 효과적이라는 것이 증명되어서 주목받고 있다.

① 압축목재 - 열압기(hot press)에 의해 제재를 두께 방향으로 압축한 대로 열처리하면 단단하고 강하며 아름다운 압축목재를 얻을 수 있다. 예를 들면 180℃의 온도에서는 몇 시간 이상의 열처리가 필요하다. 압축의 정도에 따라 비중이나 단단함을 조절할 수 있다. 압축목재는 가구, 세간, 공예품 등의 부재로서 이용할 수 있다. 그림 6-3은 삼나무의 압축목재로 만든 책상을 나타낸 것이다.

제재를 저분자량의 phenol이나 melamine 수지의 수용액에 넣어 수지를 흡수시킨 후 압축·경화해도 압축목재가 얻어진다.

그림 6-3. 삼나무 압축열처리목재로 제작한 책상
(교토부 임산시험장 제공)

또한, 제재의 길이 방향과 직각을 이루게 일정한 폭과 깊이의 홈을 적당한 간격으로 판 후에, 그 홈에 저분자 phenol나 melamine수지의 저농도의 수용액을 홈 깊이까지 균일하게 적시고 거기에 마이크로파를 쬐어 수지를 적신 층을 선택적으로 연화하여 압축·가열하면 제재의 표층만이 압축된 목재를 얻을 수 있다. 홈에 나뭇가지를 심거나 섬유의 반대방향으로 사선으로 홈을 자르면 압축 후에 그 홈은 소실된다. 이것은 마루나 가구 상판 재료로 이용할 수 있다. 단판에 수지를 적시고 압축·경화한 것을 제재, 합판, 섬유판 등의 판자 표면에 적층해도 같은 것이 얻어진다. 단판에 저분자 phenol수지를 적신 것을 섬유의 방향을 맞추어 접착제를 도포한 후에 적층하고, 압축·경화하면 강화 단판적층재를 얻을 수 있다. 이것은 우수한 강도를 갖으며 건축부재, 부엌용품, 기계부재, 장식, 공예품 등에 이용할 수 있다.

② 성형목재 - 삼나무 등의 가공하지 않은 통나무에 마이크로파를 쪼여 충분히 연화시킨 후, 사방에서 압축할 수 있는 열압기를 이용하여 통나무를 네모기둥 모양으로 성형하고 냉각한 후에 열처리하면 그림 6-4에 나타난 것처럼 성형목재를 얻을 수 있다. 통나무에 껍질을 붙이고 압축하면 인공적인 주름 통나무를 얻을 수도 있다.

삼나무 제재에 마이크로파를 조사한 후 그것을 요철이 있는 롤러에 통과시키면 연질의 부분이 눌려져, 제재의 표면에 요철의 장식이 생긴다. 이것은 도장해서 벽이나 마루 재료로 이용할 수 있다.

한편 열압기를 내장하고 있는 고압 실린더 내에서 통나무를 수증기 처리하는 과정에서 압축하면 단시간에 변형이 영구히 고정된 성형목재가 얻어진다. 압축 대신에 모양에 삽입하는 형태의 장치도 개발되어 있다.

③ 수증기 고정목재 - 적당한 양의 수분을 함유하고 있는 삼나무의 제재나 단판을 냉각기능을 갖춘 측면을 고정할 수 있는 열압기를 이용해 압축하면서 180℃에서 수 분 간 가열하면 목재 속의

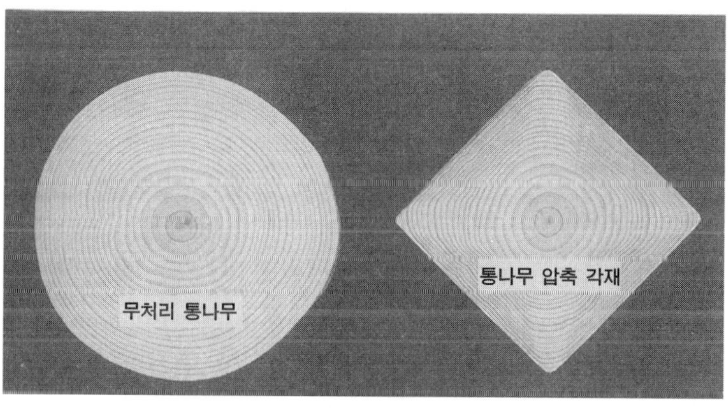

그림 6-4. 통나무 각재로의 성형(井上 雅文 제공)

수분은 수증기가 되지만 측면이 막혀있기 때문에 외부로 나올 수 없고 목재는 고온의 수증기로 처리되어 변형은 영구히 고정된다. 처리전후의 함수율은 변함없고 색의 변화도 거의 없다. 처리한 압축단판을 합판이나 섬유판 등의 판재의 표면에 적층한 바닥재가 개발되고 있다. 그림 6-5는 삼나무의 압축단판을 합판 위에 적층한 마루 재료이다.

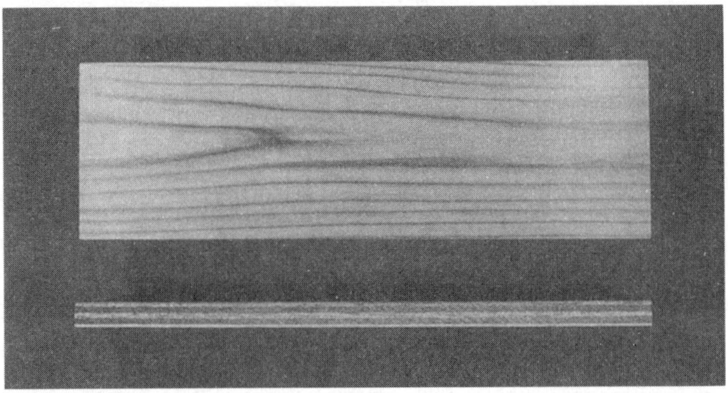

그림 6-5. 고압 수증기처리로 변형을 고정한 삼나무 압축단판을 합판에 적층한 바닥재(영대산업(주) 제공)

화학가공 목재 목재를 화학처리하면 가격이 너무 비싸지기 때문에 화학가공품의 실용화는 어렵다고 생각해 왔다. 그러나 목재의 내부후성(耐腐朽性)이나 내후성(耐候性)을 높여 목재를 오래 쓰게 하는 것이 사회적으로 요구되고 있기 때문에 위의 상황은 계속 변화되고 있다. 다음에 대표적인 화학가공 목재에 대해서 소개하겠다.

① 아세틸화 목재 - 무수초산을 이용해 120℃에서 몇 시간 처리한 목재를 아세틸화 목재라 한다. 촉매를 사용하면 분 단위의 시간으로 처리할 수 있다. 처리에 의해 목재의 치수안정성이 향상되며 색조, 강도, 감촉에는 거의 변화가 일어나지 않고 목재의 장

점만을 살릴 수 있다. 아세틸화 목재는 목욕탕의 문이나 벽재, 욕조, 툇마루 등에 사용되고 있다. 아세틸화 처리 후에 WPC (wood polymer composite)처리한 목재는 치수안정성이 향상되고 견고성, 내마모성이 급격히 향상하기 때문에 신발 신은 채로도 사용할 수 있는 고성능 마루바닥 재료에 사용되고 있다. 또한 처리에 따라 내후성이나 내부후성도 향상되기 때문에 주택용 데크, 부두의 부교, 야외 간판, 지붕널 등의 야외장식부재나 해양구조물에도 사용될 수 있다. 처리한 목재에는 독성이 없으며 약제를 주입하여 처리한 목재와 달리 안전하다. 아세틸처리 한 파티클을 사용한 파티클보드에서는 수분에 의한 두께 방향으로의 팽윤이 상당히 감소된다.

아세틸화와 유사한 처리로서 MG처리나 올리고 에스테르화 처리 등이 있다. MG처리는 목재를 말레인산과 글리세린의 혼합물과 반응시킨 처리이다. 이 처리에 의해 치수안정성이나 내후성이 향상되고 도료의 친화성도 양호해지나 강도가 다소 저하되고 착색이 일어난다. 또한 이 처리는 간단하고 가격이 저렴하다. 처리한 목재는 야외의 벤치나 창문틀 등에 이용하는 것이 고려되고 있다. 이 처리는 휜 목재의 변형을 고정하는데 효과적이다.

올리고 에스테르화 처리는 목재를 2염기산의 무수물과 epoxy 화합물의 혼합물은 반응시킨 것으로 처리에 의해 치수안정성, 내후성, 내부후성, 방충성 등이 향상하고 휘거나 압축강도가 증가한다.

② 포르밀화 목재 - 촉매로 이산화 이온을 사용해서, 목재와 포르말린을 반응시킨 것이 포르말화 목재이다. 처리 후에 중량은 그다지 변화하지 않는다. 치수안정성은 상당히 향상하지만, 내마모성이나 강도가 약간 저하되는 단점이 있다. 목재의 음향적 성질

이 뚜렷이 향상되기 때문에 바이올린이나 기타 등 악기부재의 음향적 성질 개량에 효과적이다. 그림 6-6은 포르말화 목재로 제작한 바이올린이다.

그림 6-6. 포르말화 목재를 이용해서 제작한 바이올린(矢野 浩之 제공)

③ 무기질 복합화 목재 - 목재의 세포벽 속에 무기질을 도입한 것이 무기질 복합화 목재이다. 목재에 염화바륨을 확산시킨 후 이어서 인산수소암모늄을 확산시켜서 목재 속에 용출하기 힘든 염의 형성을 비롯해 규산염이나 금속 알콕시드를 형성시킨 것이 있다. 처리에 의해 경도가 증가하고 준(準) 불연재료가 된다. 처리목재는 무 처리목재와 비교해서 외관에 변화는 없고 내열성이 우수하여 방화용 문으로서 이용된다.

④ 수지처리목재 - 이것에는 WPC 처리목재, 저분자 phenol 수지처리목재, glyoxal 수지처리목재 등 여러 가지가 있다.

목재에 비닐계의 모노머, 올리고머, 프레폴리머를 주입해 중합·고화한 것이 WPC 처리목재이다. 이 처리에 의해 표면의 화장(decoration)성, 강도적 성질, 내마모성, 내열성, 내수성, 내오염성, 내후성이 향상된다. 처리목재는 건자재, 가구, 운동구, 공예품의 부재 등으로서 널리 사용되고 있다.

목재를 저분자량의 phenol 수지수용액에 넣어 흡수·경화한 것이 저분자 phenol 수지처리목재이다. 처리에 의해 치수안정성, 내열성이 향상될 뿐만 아니라, 강도가 증대하고 음향적 성질이 개선된다. 또한 처리가 간단하고 가격이 저렴한 장점이 있다. 처리목재는 아세틸화 목재와 같은 용도로 사용할 수 있으며 경화 적층재, 표면압밀 목재와 같은 다양한 목재 가공에도 응용되고 있다.

목재에 N-메티롤 화합물(methylol compounds)과 포도당류를 넣어 흡수, 반응시킨 것이 glyoxal 처리목재이다. 이 처리에 의해 치수안정성과 강도 성능이 향상되고, 처리목재는 욕조, 욕실의 마루나 벽으로의 이용을 검토하고 있다.

⑤ 이 밖의 처리목재 - 이상에 서술한 것 외에 화학처리 목재에는 열처리목재, PEG처리목재, 알칼리처리목재 등 많은 것이 있다.

새로운 처리법을 찾다 세계적인 인구 증가가 식량위기, 에너지 위기, 환경오염 등을 계속 초래하고 있다. 이 같은 상황에서 삼림의 황폐를 방지하고, 삼림을 건전한 상태로 계속 유지하며, 합리적으로 목재를 이용해 가는 것이 매우 중요하다. 이를 위해서는 목재의 모든 성능을 높이고 목재의 사용기간을 연장시키며 공장의 폐목재나 미이용 목재를 효과적으로 이용하고, 사용 후의 폐 목재를 재이용하는 기술 개발이나 시스템의 확립 등이 필요하다고 생각된다.

◈ 참고도서 ◈

1. 日本木材學會 編, 第3期 研究分科會 報告書 1「Super Wood」1993년 3월호
2. 則元京,「木材の新しい物理・化學加工」Woody age, 1992년 12월호, 1993년 3월호
3. 則元京, 日本木材科學會 編「先端材料の基礎知識」ohm社, 109p, 1991년

제 7 장 나무의 자연 순환계와 흰개미

1. 곤충은 다양성의 챔피언

현재 지구상에서 가장 번성하고 있는 생물은 두 말할 나위 없이 우리 인간일 것이다. 그러나 포유류나 조류와 같은 생물군으로서의 번성 정도를 종의 다양성을 기초로 해서 생각해 보면, 챔피언은 당연히 곤충이라고 말할 수 있다. 그림 7-1에 나타나 있듯이 현재 알려져 있는 생물 약 150만종 중에 절반인 75만종이 곤충이다. 덧붙여 말하면 포유류, 조류, 파충류, 양서류, 어류로 된 척추동물의 합계는 4만종 정도밖에 되지 않는다. 원래 150만 종이라는 수는 실제로 지구상에 존재하고 있는 생물의 극히 일부분이라는 것이 널리 알려진 상식이고 추정치에 의하면 곤충만 2,500만 종이 존재한다고 알려져 있다.

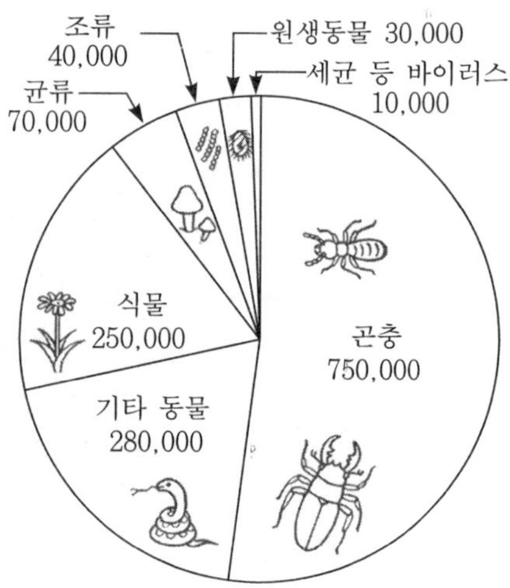

그림 7-1. 지구상에 현재까지 알려져 있는 생물의 종류

곤충은 거대한 공룡들이 지구의 지배자였던 약 2억 년~6,500만 년 전의 중생대에서도 이미 다양한 종으로 출현하고 있었다. 일본에서도 개봉하여 대홍행한 영화 「쥬라기 공원」(Jurassic Park, 감독 Steven Spielberg)에서는 공룡의 피를 흡수한 호박(수액의 화석)에 가두어진 모기에서 유전자를 추

출해서 공룡의 재생에 성공한 것으로 이야기가 시작되고 있는데, 이것도 곤충의 다양성이 빠져있다면 성립되지 않는 이야기이다.

2. 곤충과 식물의 상호관계

그렇다면, 어떻게 곤충이 진화 중에 그렇게 놀랄 만한 다양성을 확보할 수 있었을까? 그 해답의 하나는 수목이나 화초와 같은 식물과 폭넓은 상호관계를 유지하였기 때문이라 생각된다. 식물은 지금까지 약 25만종 정도 알려져 있지만(그림 7-1) 그 식물 자체가 다양한 환경 - 열대우림에서 사막까지 - 에 적응하며 진화해 왔고 곤충은 이들 식물과의 상호관계를 성립하면서 막대한 수의 종을 가지게 되었다고 말할 수 있다. 동남아시아나 브라질 등의 열대우림에서 볼 수 있는 다양한 종의 곤충상도 숲을 구성하고 있는 식물의 종류가 상당히 많기 때문에 나타나고 있는 것이다.

곤충과 식물과의 상호관계에는 여러 가지 형태가 있다. 꽃파리나 벌이 식물에 있는 화분(pollen)을 모으면서 동시에 수분(pollination)을 하는 것처럼 서로에게 이익이 되는 관계나, 많은 경우가 그렇듯이 먹고 먹히는 관계를 생각할 수 있다(일반적으로는 곤충이 식물을 먹는 것이지만, 식충식물처럼 반대의 관계도 있다). 이들의 관계는 자연상태에서 일정한 균형을 유지하면서 존재하고 있지만, 어떤 원인에 의해 그 균형이 깨지는 경우 - 예를 들면 이상 기상에 의한 곤충의 대 발생 등 - 에는 특이한 현상이 종종 관찰된다. 초봄에 송충이에 의해 잎이 모두 상한 벚꽃이 가을에 피거나 하는 것도 이러한 현상의 하나이다.

3. 생식연쇄와 부식연쇄

곤충 등의 동물과 식물의 먹고 먹히는 관계, 소위 식물(食物,

provisions, foodstuff)연쇄에는 두 가지의 흐름이 있다. 하나는 동물이 잎·종자·화분 등 식물의 살아 있는 부분을 먹는 것에서 시작되는 생식연쇄와 「낙엽층(litter)」〔역자 주 : 낙엽층으로 신선한 낙엽이나 낙지가 원래의 형태를 유지하고 있는 상태〕이라고 불리는 쓰러진 나무, 떨어진 가지, 낙엽 등의 식물유체에서 시작되는 부식연쇄이다. 삼림에서는 일반적으로 부식연쇄가 압도적으로 우세하다. 예를 들어 아마존강 유역의 열대우림에 토양 동물(흰개미·개미·지렁이 등이 주로 부식연쇄에 관여)과 그 외의 동물의 양을 비교한 연구에 의하면 전자는 후자의 약 3배에 달하는 존재량을 나타내고 있다.

그러면 삼림 외의 지역에서는 어떠할까? 아프리카, 호주, 남아메리카의 약 50% 이상의 지역을 점유하고 있는 사반나에서는 벼와 식물이 지표를 덮고 그 사이에 수목이 점재하고 있다. 이 같은 지역에서는 초식포유류나 메뚜기 등의 살아있는 잎을 먹는 동물의 양이 삼림과 비교해서 상당히 많고 식물연쇄에서 차지하는 생식연쇄의 비율이 높은 것을 알 수 있다. 그러나 실제 조사한 결과에서는 역시 부식연쇄가 에너지 흐름의 면에서 우세하고, 결과적으로 지구적 규모에서 보면 동물과 식물의 먹고 먹히는 관계는 주로 부식연쇄로 취급할 수 있다.

4. 나무의 자연 순환계

지금까지 서술해 온 것처럼 삼림에 있는 나무의 자연 순환계는 각각 부식연쇄라고 생각해도 좋다. 여기에서 중요한 것은 부식연쇄는 온대림과 열대림에서 다른 방법으로 진행된다는 것이다. 그림 7-2에 정리해 놓은 것처럼 온대림에서의 낙엽층(분해는 우선 자낭균류(누룩곰팡이 등)를 대표로 하는 제1차 부생균에 의해 시작되고 이어서 박테리아, 담자균류(소위 버섯의 종류. 그림 7-3은 고목에서 잘 보이는 구름

① 제 1차 부생균(자낭균 등)에 의한 낙엽층(쓰레기)의 표면적 분해

↓

② 제 2차 부생균(단자균 등)에 의한 목재실체의 분해

↓

③ 토양 동물(지렁이, 진드기 등)에 의한 섭식

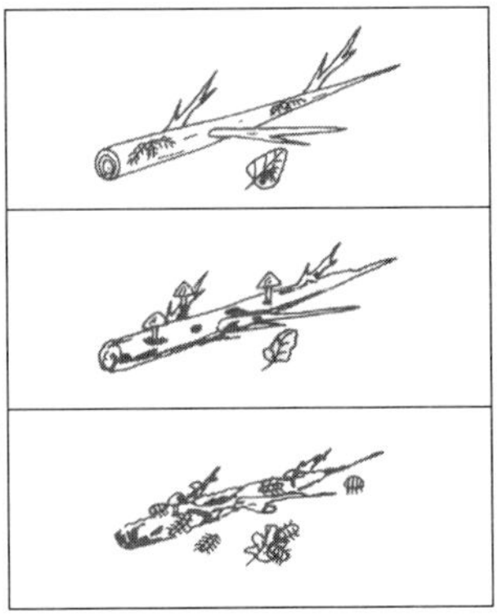

그림 7-2. 온대림에서 부식연쇄의 진행 방법

그림 7-3. 너도밤나무의 절단면에서 살고 있는 구름버섯(*Coriolus versicolor*)

버섯) 등의 제2차 부생균이 목재의 실체인 셀룰로오스, 헤미셀룰로오스 및 리그닌을 분해한다. 그 후 지렁이, 노래기 등의 토양 동물이 활동을 시작한다.

한편 열대림에서는 균류에 의한 분해되기 전에 흰개미에 의해 낙엽층의 소비가 상당한 정도 이루어진다고 알려져 있다(그림 7-4). 그림 7-5는 태국 남부 열대우림에서 낮 동안 채이 행군(採餌行軍)을 하고 있는 「흑 흰개미」의 한 종류를 나타낸다. 열대우림에서는 10m 사방을

① 흰개미에 의한 낙엽층의 섭식과 분해
↓
② 균류의 낙엽층 속에 침입과 분해
↓
③ 그 밖의 토양 동물(진드기, 노래기 등)
에 의한 섭식

그림 7-4. 열대림에서 부식연쇄의 진행 방법

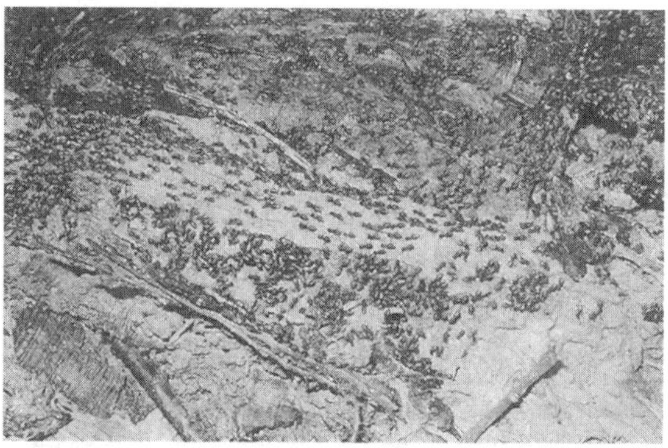

그림 7-5. 태국 남부 열대우림에서 낮 동안 채이 행군을 하고 있다.「검은 흰개미」*Hospitaritermes ataramensis*

찾으면 쉽게 10종류 이상의 흰개미를 발견할 수 있고 흰개미 역할의 중요성을 상상할 수 있다. 사반나에서도 역시 부식연쇄가 에너지의 흐름 측면에서 볼 때 중요하다고 앞서 언급했지만, 아프리카의 사반나에서의 단위면적당 흰개미의 존재량(무게로서)은 초식포유류의 존재량에 필적한다고 알려져 있고 케냐의 반 사막지역에서는 생산되는 식물양의 80%가 흰개미에 의해서 소비된다고 알려져 있다. 사반나에는 흰개미가 만든 소위「개미 무덤」이 많이 있고(특히 많은 지역은 흰개미

사반나라고 불린다), 흙 돼지와 아드울프(aardwolf, 하이에나와 비슷한 동물로 곤충을 잡아먹고 산다. 속칭 땅 늑대) 등 흰개미를 주식으로 생육하는 색다른 포유동물을 볼 수 있다.

낙엽층 등 식물 유체의 연간 총량은 온대림에서 약 5~10t/ha, 열대림에서는 약 20t/ha로 온대림과 비교해서 약 2배의 수치가 나타나는 것으로 알려져 있다. 현존하는 삼림면적의 약 반 정도가 열대림이라는 것과 육지 중에 사반나와 반 사막지역이 차지하는 비율이 매년 계속 증가하는 것에서 생각하면, 지구에 있는 나무의 자연순환계 내에서 흰개미는 간과될 수 없는 중요한 일원라고 말할 수 있다.

5. 셀룰로오스를 먹는 생물

잘 알려져 있듯이 나무를 구성하는 주요한 세 가지 성분 중에서 셀룰로오스가 가장 많은 약 50%를 차지하고 있다. 다시 말해 셀룰로오스는 지구상에 가장 풍부한 천연자원이라고 말할 수 있고, 나무의 자연 순환계에 있어서는 셀룰로오스를 어떻게 잘 분해하느냐가 상당히 중요한 점이 된다. 확실히 많은 생물이 수목의 잎이나 수피 혹은 목재를 먹지만, 이들 중 대부분의 종류는 수목 속에 소량 포함되어 있는 전분과 단백질을 영양원으로 하고 있고 실제로 셀룰로오스를 분해·이용할 수 있는 생물은 제한되어 있다.

셀룰로오스를 이용하는 것으로 알려져 있는 생물의 대표로, 척추동물에는 소·말 등의 유제류(有蹄類, 반추동물)와, 무척추동물에서는 곤충류(흰개미 등) 또한 많은 미생물(박테리아, 균류, 원생동물)을 들 수 있다. 셀룰로오스를 분해하는 데에는 셀룰라아제라고 총칭하는 일종의 효소가 필요하지만 이들 생물 중에서 자기 자신이 분비한 셀룰라아제만으로 셀룰로오스를 효과적으로 이용할 수 있는 것은 미생물뿐이다. 그러면 미생물 이외의 생물은 어떻게 해서 셀룰로오스를 분해하는 것일까? 그 비밀은 미생물과의 공생관계에 있다.

공생관계라는 것은 두 종류이상의 생물이 서로에게 어떠한 형태로 의존하며 생활하고 있다는 것을 의미한다. 유명한 예로는, 말미잘과 큰 벼룩의 관계를 들 수 있다. 표 7-1에서 나타냈듯이 셀룰로오스를 이용하는 동물 대부분은 자신의 몸 내부나 외부에 셀룰로오스를 분해하는 능력을 가진 미생물을 살게 해서(거처를 제공함) 공동으로 셀룰로오스를 소화하고 있다. 이들 중에 반추동물과 흰개미는 소화관 속에 박테리아와 원생동물을 공생시킴으로써 「셀룰로오스 분해 장치」로 변화한 전형적인 생물군이라고 말할 수 있다.

표 7-1. 주요한 셀룰로오스 이용성 동물에 있는 미생물과의 공생계

	동물 그룹	셀룰로오스를 분해하는 장(腸)	공생 미생물
포유류	우제류(소)	전위(르멘)	박테리아 · 원생동물
	기제류(말) · 코끼리	후장(맹장 등)	박테리아 · 원생동물
	토끼 · 설치류	후장(맹장 등)	박테리아 · 원생동물
곤충류	흰개미	중장 · 후장	박테리아 · 원생동물
	바퀴벌레	중장 · 후장	박테리아 · 원생동물
	나무좀	셀룰로오스 분해균의 섭식	자낭균 · 불완전균
	긴나무좀	셀룰로오스 분해균의 섭식	자낭균 · 불완전균
	벌	셀룰로오스 분해균의 섭식	담자균
	사슴벌레 유사종	중장, 후장(?)	박테리아(?)

우제류(偶蹄類, cloven-hoofed animals) : 소, 돼지 등 발굽이 둘로 갈라진 동물
기제류(寄蹄類, perissodactyla) : 발굽이 있고 뒷발의 수가 홀수인 동물

6. 흰개미에 의한 셀룰로오스의 분해

흰개미가 나무의 자연 순환계에 있어 중요한 역할을 하고 있는 것과 셀룰로오스 분해에는 박테리아, 원생동물 등의 미생물과의 공생관계

가 필수적이라는 것을 이해하고 있을 것이다. 그럼 그 공생의 메커니즘이라는 것은 도대체 어떤 것일까?

흰개미는 보통 고등 흰개미와 하등 흰개미의 두 가지의 그룹으로 분리된다. 고등 흰개미는 흰개미科 한 과 만으로 구성되어 있지만 흰개미 전 종류(약 2,200종류)의 70%를 차지하고 있다. 한편 하등 흰개미는 Mastotermitidae 흰개미과, Kalotermitidae 흰개미과, Termopsidae 흰개미과, Hodotermitidae 흰개미과, Rhinotermidae 흰개미과, Serritermitidae 흰개미과 등의 여섯 개 과로 나뉘고, 일본에 있는 중요한 건축물의 해충인 집흰개미(*Coptotermes formosanus*)와 일본흰개미(*Reticulitermes speratus*)는 이 그룹에 포함된다. 즉 일본에는 고등 흰개미 4종류와 하등 흰개미 12종류 등 모두 16종의 흰개미가 생식하고 있지만, 대부분의 종류가 남서 제도 이남에 분포하고 있다.

고등 흰개미 고등 흰개미는 소화관 속에 박테리아만을 갖고 있다. 현재 고등 흰개미는 자기 자신이 생산한 셀룰라아제와 박테리아가 생산한 셀룰라아제와의 공동작업을 통해 셀룰로오스를 분해하고 있다고 생각되지만, 상세한 메커니즘에 대해서는 아직 밝혀지지 않는 부분이 많이 남아있다. 고등 흰개미 중에는 버섯 흰개미라는 무리가 있다. 이들은 흰개미 무덤(그림 7-6) 속에서 흰개미 버섯이라 하는 버섯(매우 맛있고 동남아시아 등에서는 식용으로 팔리고 있다)을 재배하여 애벌레의 먹이로 사용한다. 버섯 흰개미에 있는 색다른 공생관계의 의미에 대해서는 먹이 속의 질소량을 높이기 위해서라는 견해와 셀룰로오스를 둘러싸고 존재하는 리그닌 등의 물질을 분해해 준다는 견해, 그리고 셀룰라아제의 공급원으로서 흰개미 버섯을 취한다는 견해 등이 있다.

하등 흰개미 하등 흰개미는 공생생물로서 박테리아와 원생동물(짚

그림 7-6. 태국 북동부 건조지대에 있는 버섯 흰개미의 일종인 무덤(높이 약 1.5m)

신벌레, 녹충식물〔역자 주 : 녹충식물(綠蟲植物 : Euglenophyta) : 유글레나식물이라고도 한다. 유글레나로 대표되는 이들은 편모를 가진 단세포이고 대부분이 민물에서 산다. 엽록소 a와 b를 가지고 있어 광합성을 하고, 독립영양생활을 하지만, 환경 조건에 따라서는 유기물을 섭취한다.〕의 종류)모두를 살게 하고 있다. 하등 흰개미의 소화관을 끄집어내서 창자(후장)를 잘라 보면 그림 7-7과 같은 원생동물이 넘쳐나고 있다. 이것은 집흰개미(*C. formosanus*)의 예로, 대・중・소 세 종류의 원생동물로 구분된다. 지금까지는 400종 이상의 원생동물을 하등 흰개미의 소화관에서 발견했지만, 아직 조사되지 않은 종류도 많고 그 수는 더욱 더 증가되리라 생각된다. 이처럼 하등 흰개미의 창자(후장)에는 원생동물로 가득하고 어느 종의 흰개미에서는 체중의 3분의 1을 원생동물이 차지하고 있다고 알려져 있다.

지금까지의 연구에서 하등 흰개미의 셀룰로오스 분해는 다음과 같이 진행된다고 생각된다.

① 흰개미가 섭취한 셀룰로오스는 우선 흰개미 자신이 분비한 셀룰라아제에 의하여 후장에 도달할 때까지 약간의 분해를 받는다.

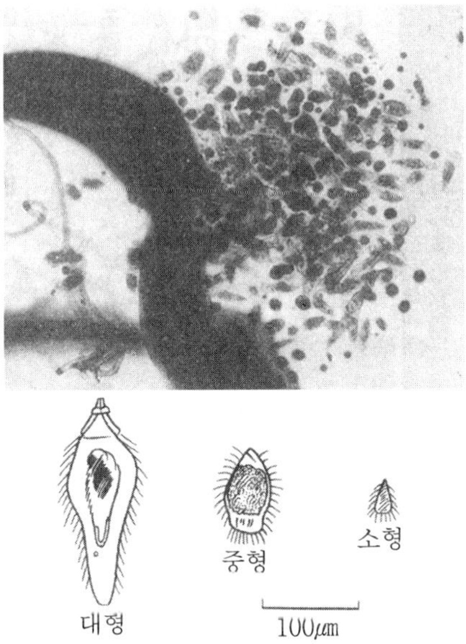

그림 7-7. 집흰개미(*C. formosanus*) (창자)후장에 공생하고 있는 3종류의 원생동물

② 후장에 도달한 셀룰로오스는 흰개미에서 분비된 셀룰라제와 함께 공생동물의 체내에 들어가 원생동물이 생산하는 셀룰라제와의 공동작업에 의해 최종적으로 구성단위인 포도당으로 분해되어 글리코겐이라는 형태로 저장된다.

③ 원생동물이 이 글리코겐을 이용해서 포도당과 물로부터 초산(酢酸), CO_2(이산화탄소) 및 수소를 생성한다.

④ 흰개미는 이렇게 해서 생성된 초산을 에너지원으로 흡수하여 이용한다.

이처럼 하등 흰개미에서 셀룰로오스 분해의 주역은 후장에 공생하고 있는 원생동물이라고 말할 수 있다. 다시 말하면, 「셀룰로오스 분해 장치」의 부품인 원생동물을 후장이라는 용기에 넣어 하얀 커버(그림 7-5에 나타냈듯이, 열대에는 낮 중 활동하는 「검은 흰개미」도 많이 있지만)로 씌운 것이 하등 흰개미라 할 수 있다.

그러면 하등 흰개미에 있는 박테리아의 역할은 어떤 것일까? 하등 흰개미에 공생하는 어떤 종의 박테리아에는 분명히 셀룰로오스를 분해하는 활성이 인정되며 초산균이라 불리는 그룹이 원생동물이 생산한 CO_2와 수소로부터 초산을 생성한다고 알려져 있다. 게다가 어떤 종의 원생동물의 체내에는 메탄 균이라는 특수한 박테리아가 생식하고, 셀룰로오스 분해의 최종단계에서는 여분의 탄소(실제로는 CO_2)를 메탄으로 변화시켜 방출하는 셀룰로오스의 분해 사이클을 부드럽게 만드는 활동을 한다고 생각한다. 어느 쪽이든 하등 흰개미의 셀룰로오스 분해에 관여하는 박테리아의 역할은 직접적인 것이라기보다는 간접적인 것이라고 말할 수 있다.

7. 흰개미에 의한 목재의 분해

흰개미에 의한 셀룰로오스의 분해기구에 대해서는 이처럼 상당히 증명되었다. 그러나 현실에서 목재는 셀룰로오스로 된 골격을 헤미셀룰로오스와 리그닌이 충전한 형태(소위 철근 콘크리트)로 되어 있고 셀룰로오스만을 이용한 실험 결과를 그대로 목재에 적용하는 것은 조금은 무리가 있다고 생각된다. 그래서 집흰개미(*C. formosanus*)의 소화관 속에서 목재조각을 꺼내어 그 형태를 주사전자현미경(SEM)으로 관찰해 보았다. 그 결과 ① 목재조각은 전장(그림 7-8의 A, F의 부분, 우리의 위에 해당됨)부분에서는 전혀 분해되지 않는다는 것(그림 7-8의 B), ② 중장 말단부(그림 7-8의 A, M의 그물부분, 곤충에서는 일반적으로 중장이 소화·흡수를 담당)에서 얻은 목재조각에는 그 표면의 일부가 분해된 것(그림 7-8 의 C)과 전혀 분해되지 않은 것의

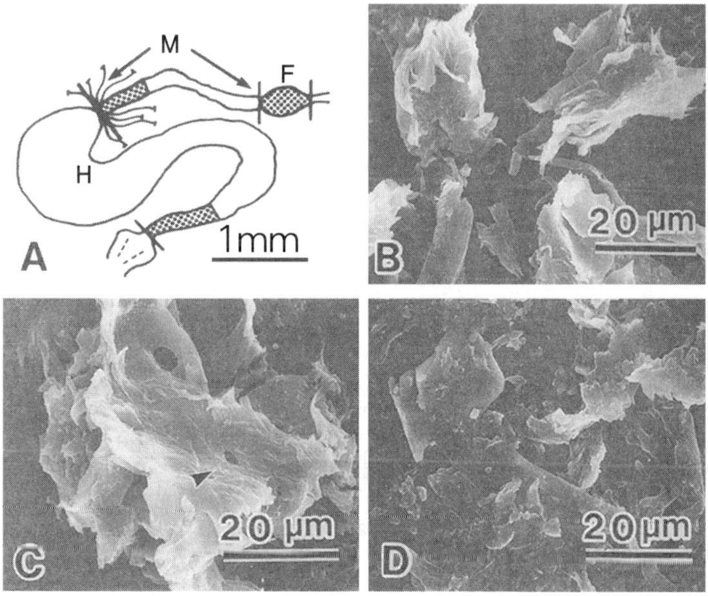

그림 7-8. 집흰개미(*C. formosanus*)의 소화관 속에 있는 나무 조각의 주사전자현미경 사진

A : 집흰개미의 소화관 - F : 전장, M : 중장, H : 후장, 그물 부분은 시료를 채취한 장소.
B : 전장 내에서의 목재조각. 시료는 흰개미의 아래턱에 의해 만들어진 날카롭게 잘린 부분을 나타낸다.
C : 중장 후단부에서의 목재조각. 화살표로 나타낸 구멍(벽 구멍) 주위에 분해에 의한 이랑이 생기고 있다.
D : 후장 후단부의 내용물. 부정형의 내용물에 섞여, 미분해의 목재조각이 존재하고 있다.

두 종류가 있다는 것, 그리고 ③ 후장 말단부(그림 7-8의 A, H의 그물 부분. 후장에서만 원생동물이 생식)의 내용물은 대부분이 무정형의 대사 폐기물인 것과 일부 미분해의 목재조각(그림 7-8의 D)도 포함되어 있다는 것 등이 명확해졌다.

이들의 관찰로부터 실제 목재에서도 셀룰로오스에 대해서 다단계 분해과정, 즉 흰개미 자신이 분비한 셀룰라제에 의한 부분적 분해와 이어지는 원생동물 체내에서의 최종적 분해라는 과정이 일어나고 있다고 생각된다. 목재 속의 셀룰로오스는 흰개미에 의해 거의 100% 분해된다고 알려져 있고 후장에서 공생하는 원생동물의 셀룰로오스 분해활성도가 높다는 것을 나타내고 있다. 그러나 콘크리트인 헤미셀룰로오스와 리그닌이 어떻게 해서 셀룰로오스로부터 분리되는 것인지, 그리고 그것의 어느 정도가 흰개미의 영양분이 되는지와 이들 성분에 대해서는 아직 많은 연구과제가 남아있다.

8. 목재의 분해를 둘러싼 원생동물간의 상호작용

일반적으로 하등 흰개미의 후장에서 볼 수 있는 공생 원생동물상은 상당히 복잡한 것으로써 그림 7-7에 나타냈듯이 집흰개미(*C. formosanus*)에는 3 종류의 원생동물이 공생하고 있다. 그리고 일본에서 가장 넓은 분포를 나타내는 일본흰개미(*R. speratus*)의 후장 내에는 11종류의 원생동물이 살고 있다. 우리는 이들 원생동물 사이에 어떠한 상호작용이 반드시 있다고 생각하고 우선 집흰개미(*C. formosanus*)내 3종류의 원생동물에 대해서 각각의 종이 후장에서 분포하는 양식을 조사해 보았다. 그림 7-9에 모식으로 나타냈듯이 대형

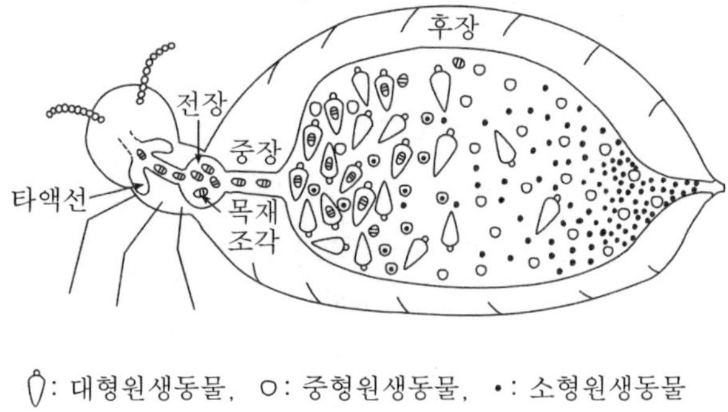

그림 7-9. 집흰개미(*C. formosanus*)에 있는 3종 공생원생동물의 분포양식

원생동물은 후장 전부에 존재하고(한 마리 당 480~2,160개체), 반대로 소형 원생동물은 후장 후부에 편중되어 분포하고 있다(한 마리 당 2,240~10,880개체). 한편 중형 원생동물은 후장 전체에 비교적 균일하게 존재하고 있다(한 마리 당 740~4,180개체). 3종의 원생동물이 나타낸 이 특징적인 분포양식은 각각의 종이 갖고 있는 목재를 분해하는 역할에 대응하는 것이라고 생각하는 것이 당연하다.

게다가, 다양한 셀룰로오스 시료에 대한 3 종류 원생동물의 이용성이나 각각의 원생동물의 존재수와 흰개미 자신이 목재를 먹는 활성과의 관계를 조사해 보니, ① 대형원생동물은 중합도(셀룰로오스의 구성단위인 포도당이 연결된 수)가 작은 셀룰로오스를 이용할 수 없다는 것, ② 대형원생동물이 존재하지 않더라도 중형 및 소형 원생동물에 의한 저중합도 셀룰로오스의 분해로 인해 흰개미 자신도 어느 정도로 계속 존재할 수 있다는 것, ③ 중형 및 소형원생동물만으로는 목재 속의 중합도가 높은 셀룰로오스를 이용할 수 없다는 것, 그리고 ④ 흰개미가 목재를 먹는 활성과 중형원생동물의 존재수와의 사이에 명료한 정(正)의 상관관계가 인정된다는 것 등이 명확하게 되었다. 또한 소형 원생동물이 종종 대형・중형원생동물 주변을 둘러싸듯이 존재하고 있을 뿐만 아니라, 앞에 서술한 메탄 균이 소형원생동물의 체내에만 생식하고 있는 것도 관찰되었다.

이들 실험결과는 집흰개미(*C. formosanus*)가 목재분해에 있어서 셀룰로오스의 중합도를 지표로 한 3종의 원생동물에 의해 역할이 분담되고 서로에게 의존관계가 있는 것을 시사하고 있다고 생각된다. 우리는 이 가설을 보다 자세히 검토하기 위해 지금 각각의 원생동물을 넣은 목재의 형태변화를 다양한 현미경을 사용해서 자세히 추적하고 있는 중이다. 조만간 이 특이한 흰개미와 원생동물 공생계에 대해서 전체적인 메커니즘을 확립할 수 있을 것이다.

9. 흰개미로부터 지구 공생계를 생각한다

지구상에서 가장 풍부한 천연자원(biomass)인 나무를 이용하기 위해 흰개미는 대단히 교묘한 미생물과의 공생계를 발달시켜 왔다. 생각해 보면 지구생태계와 자연순환계도 하나의 큰 공생계라고 할 수 있다. 지구적 규모로 일어나는 삼림의 감소는 지금까지 알려지지 않고 존재하고 있는 수많은 생물 종을 절멸시키려고 한다. 우리는 21세기의 지구환경시대를 앞에 두고 지금부터 인류의 생활 모습을 다양한 면에서 한 번 더 생각해야 한다. 그것을 위해서도 지구 공생계의 작은 요소를 연구하고 자연의 지혜를 배울 필요가 있다. 우리가 혐오하는 해충이라고만 생각하는 작은 벌레로부터 지구환경에 대한 생각을 하는 것도 나쁘지 않을 것이다.

◈ 참고도서 ◈

1. 安部琢哉「シロアリの生態-熱帶の生態學入門」東京大學出版會, 1989년
2. 堤利夫 編「山林生態學」朝倉書店, 1990년
3. 岩槻邦南「多様性の生物學」岩波書店, 1993년
4. 京都大學 木質科學研究所 創立50周年記念事業會 編「木の秘密」東京書籍, 1994년

제 8 장 목재 폐기물을 자원으로 바꾸다

1. 쓰레기 · 폐기물의 재활용

인구의 도시집중 · 대량생산/대량소비 등 경제활동의 고도화에 따른 쓰레기 · 폐기물 처리가 큰 사회적 문제가 되고 있다. 최근 건물의 해체 상황을 보면, 구조적인 내용년한(耐用年限)이 지나서 해체하기 보다는 오히려 생활의 풍부함을 추구한 결과, 사회적인 내용년한이 다 되어 허무는 경우가 많다. 자원과 에너지를 투입해서 생산한 재료도 기술의 진보가 빨라지기 때문에 오히려 라이프싸이클이 줄어드는 경향이 나타나는 것은 안타까운 일이다.

이 같은 상황을 기반으로 재료의 재활용은 대단히 중요하게 되었다. 목질 재료는 에너지로서 효과적으로 이용한 후에 간단하게 안전한 폐기가 가능한 재료이다. 그러나 목재재료는 탄소 저장형 재료(제조시의 탄소 방출량보다 재료 내에 축적된 탄소량 쪽이 크다)이기 때문에 가능한 재활용하여 그 라이프싸이클을 연장하는 것이 지구환경 보전의 관점에서 바람직하다. 다행히도 목질 재료는 원료형태가 소재－제재－판자－삭편(wood particle)－섬유(fiber)인 것처럼 다단계 형태를 이루고 있기 때문에 재활용 할 때에도 폐재의 형태에 따라서 적당한 원료로 전환하는 것이 가능하고 폐재를 자원화하는 데 필요한 에너지도 적게 든다는 장점을 갖고 있다.

2. 목질 폐기물의 재자원화

목질 폐기물이라는 것은? 목질폐기물, 즉 일반적으로 나무 쓰레기

표 8-1. 나무 쓰레기 발생장소와 품질

	발생장소	형상 · 성질	들어있는 이물질
목재가공	합판공장 제재공장 주택부재 가공공장 건자재, 가구 제조공장	통나무 토막, 가공 폐재, 잔재 통나무 토막, 가공 폐재, 잔재 precut 잔재 가공잔재, 불량품	돌, 모래 돌, 모래 돌, 모래 종이, 도료, 못, 플라스틱
물류	유통센터 대규모창고 항만 하수장	폐 파렛 포장(재), 해체 폐재	쇠못 쇠못
건설	주택해체현장 건축공사현장	기둥재 판자재 거푸집, 잔재 혼합 나무 부스러기	전선, 못 비닐, 비철금속 종이, 골판지 비닐
폐기물	목질 가구의 중고폐기장 거대쓰레기(목질)집하장	복합폐재	철, 비철금속, 도료 돌, 모래, 플라스틱, 종이

라 부르는 폐재에는 표 8-1에 나타냈듯이 합판 · 가구공장 등 목재가공의 단계에서 발생하는 것, 물류 · 건설의 산업분야에서 발생하는 것, 그리고 거대 목질 쓰레기 등의 폐기물이 있다.

나무 쓰레기에는 일반적으로 돌, 모래, 쇠못, 비닐, 플라스틱, 도료 등의 이물질이 섞여 있다. 이 중에 목재 가공 공장에서 발생하는 나무 쓰레기는 이물질이 비교적 적게 섞여있고 수피나 목분을 빼면 대부분은 칩(chip)화 하여 종이 펄프나 목질 보드 원료로 사용하여, 때로는 연료로 재이용하고 있다.

나무 쓰레기 중에 현재 가장 주목받고 있는 것은 주택 해체현장에서 발생하는 해체재이다. 왜냐하면 이것은 발생량이 대단히 많고 대부분 효과적으로 이용하지 않고 산업폐기물로 소각 매립 · 처분하고 있기 때문이다. 생활환경을 유지하는 면에서 해체재를 효과적으로 이용하는 것은 대단히 중요한 과제이다.

표 8-2. 목질 재생이용자원의 이용

폐재의 형태	1차 가공→2차 가공		
폐재, 통나무 도막, chip	연료 받침대	목타르	종이, 펄프 목질 보드 목실복합재료
목분(톱밥가루)	가축의 깔개재료 버섯의 배양재료 펠릿 연료 젖은 쓰레기 처리	목탄* 옻 칠기 등의 성형 재료(합성수지와 혼련)	생분해성 플라스틱 발포체 · 접착제 폭쇄사료 성분이용(알코올 · 감미료 · 탄소섬유)
수　피	받침대, 연료 퇴비 원예용	인공토양	
건축 해체재	연료		종이 · 펄프 목질보드

* : 연료 외에 활성탄, 물 처리 · 여과제, 토양개량제, 조습 · 단열재의 이용도 포함한다.

나무 쓰레기의 이용법은? 표 8-2는 폐재의 형태에 따라서 재생이용의 가능성을 가공도가 낮은 것에서 높은 순으로 나타낸 것이다.

목재 가공이나 건축 공사에서 발생하는 뒷면의 판자 · 통나무 토막을 칩(chip)화 하여 종이 펄프나 보드 원료 혹은 도로의 깔개 및 연료로도 사용한다.

목분, 수피, 건축 해체재의 이용은 현실에서는 극히 제한되어 있다. 가공도가 낮은 가축의 깔개나 연료가 주된 용도이지만, 최근 가공을 위한 기술개발이 활발하게 행해지고 있다.

다음으로 목분, 수피 및 건축 해체재를 재자원화하기 위한 기술개발을 소개하겠다.

목분의 재자원화 목분은 지금까지 펠렛(pellet) 연료나 가축의 깔개 등 용도가 제한적이었지만, 최근 가공도가 낮은 기술에서 높은 기술까지 다양한 개발노력이 이루어지고 있다. 전자의 1차 가공에서는 고압솥(autoclave)에서 멸균시킨 뒤 표고버섯 등 버섯의 균체를 심어 배양지로서의 이용이 실용화되고 있다.

목분을 연속 탄화하는 장치의 개발에 따라 목탄으로 전환하여 이용하는 것도 많이 주목되고 있다. 지금까지처럼 연료로서의 목탄이 아니라 활성탄, 물 처리 여과제, 토양개량제, 조습·단열재로의 목탄 이용을 주목하고 있다.

목탄이 갖는 이 같은 기능을 복합적으로 이용하려는 시도가 이루어지고 있다. 예를 들면 활성탄으로 탈취기능을 이용하고 가축의 깔개로 사용한 후, 이것을 발효시켜 유기질 비료로 이용하는 것이다. 동시에 토양의 중화작용이 우수하고 항생작용이 강하며 토양병해에 강한 점 등의 토양개량제로도 우수한 기능을 발휘한다. 마찬가지로, 하천의 수질개량제로서 이용한 뒤 비료에 이용하는 시도도 이루어지고 있다. 이처럼 폐재를 몇 단계의 재활용 속에서 반복해 이용하고, 최종적으로 흙으로 돌아갈 수 있다면 탄소를 거의 영구히 지표에 고정할 수 있기 때문에 이것 역시 환경보전에 대단히 유익하다. 그러나 현실적으로 목탄은 반드시 저렴한 가격이 아니기 때문에 이 같은 재생활용 시스템을 구축하는 것은 간단하지 않지만 적극적으로 추진되어야 한다.

목분을 이용한 음식물 찌꺼기 처리 목분을 이용한 음식물 찌꺼기 자동분해 소멸 시스템은 지속적으로 실용화되고 있다. 도시 쓰레기의 수집·소각·매립·폐기가 큰 사회문제가 되고 있는 오늘, 종래의 「일괄·집중·대량」처리시스템에서 「개별·분산·소량」처리시스템으로의 변환이 해결의 큰 시발점이 된다고 생각한다. 이러한 음식물 찌꺼기 처리시스템은 각 가정, 레스토랑, 호텔, 병원, 학교, 선박, 공항 등의 발생장소에서 음식물 찌꺼기를 분해 처리 및 무취화한 후 비료나 토양개량제로 이용하려고 하는 것이다.

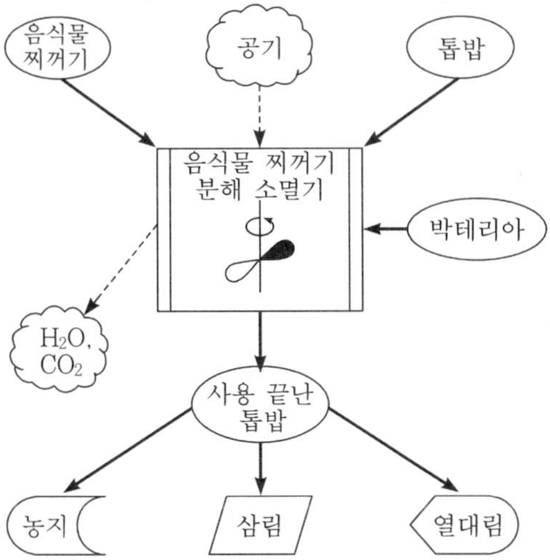

그림 8-1. 음식물 찌꺼기 분해 시스템의 원리(寺澤 實씨)

이러한 장치의 원리를 Terazawa(寺澤 實)씨는 「음식물 찌꺼기 자동분해 소멸 시스템」(Woodience 제25호, 1993년) 중에서 그림 8-1로 나타내고 있다. 목분을 섞은 토양 박테리아(호기성균)의 활동은 무취상태에서 음식물 찌꺼기를 분해 소멸시킨다. 목분은 균체를 보호・유지하는 매트릭스(matrix)의 역할만을 하기 때문에 어떠한 수종의 목분도 이용할 수 있다. 이 장치에 음식물 찌꺼기를 투입하고 뚜껑을 닫으면 자동적으로 교반되어 공기가 공급되고 음식물 찌꺼기와 매트릭스가 혼합된다. 박테리아의 활동은 유기질을 무취상태에서 탄산가스와 물로 완전분해하고, 미네랄은 매트릭스에 흡수・축적된다. 반년 후에 매트릭스를 교환하여 사용이 끝난 매트릭스는 질소, 인, 칼륨 등 식물 성장에 필요한 영양소를 충분히 포함한 유기소재로 변신한다.

사용이 끝난 매트릭스는 속효성의 비료나, 지효성의 토양개량제로 사용할 수 있다. 또한, 표고버섯이나 양송이 등 버섯의 균상재배 배양지로서 매우 적절하다. 나아가 찌꺼기는 유연한 펄프상태로 가늘게 해체되기 때문에 프레스에 의해 비료를 포함한 묘판이나 보드로 성형하는 것도 가능하다. 물론 묘판이나 보드는 생물 분해성이기 때문에 영양가가 부족한 토양에서 이루어지는 식수(植樹)나 농작업의 효율화에 도움이 된다.

목분의 고차 가공 목분의 고차 가공기술 개발에 대한 연구가 진행되고 있다.

목분에 phenol이나 다가 알코올을 첨가해, 고온·고압화 혹은 산 촉매 존재 하에서 중온·상압으로 반응시키면 목분이 용액화 된다. 이것을 포르말린(formalin)과 반응시켜 수지화해서 접착제나 플라스틱 성형체로 하거나, 우레탄 수지를 첨가해서 스틸렌이나 우레탄 발포체와 동등한 경량의 발포체를 만드는 기술도 개발되고 있다. 그림 8-2는 이 기술을 이용해 수지화하여, 접착제로 만든 것을, 그림 8-3은 액화 목재를 발포시킨 경량 발포체를 나타내고 있다.

벤질화 등의 화학처리를 해서 목분에 플라스틱 필름이나 용기와 같은 열가소성과 성형성을 가할 수 있다. 이들 재료는 생분해성을 나타낸다. 그림 8-4는 발포체를 토양에 매설하고 생분해성 및 광분해성을 검토한 것이다. 우레탄 발포체는 완전히 분해되지 않는 반면, 목재를 원료로 한 발포체는 6개월 후에는 일부 생분해된 것을 볼 수 있다.

그림 8-2. 목재 액화물에서 조제한 레졸 수지형 접착제(白石信夫 제공)

그림 8-3. 목재 액화물에서 조제한 발포체(白石信夫 제공)

그림 8-4. 폴리우레탄 형태(좌)와 액화목재 폴리우레탄 형태(우)의 흙속 매설시험, 6개월 후의 결과 비교(白石信夫 제공)

또한, 터지고 갈라진 목분을 물이나 알칼리에서 추출함으로써 감미료(올리고당), 리그닌, 셀룰로오스 등의 유용 성분을 순차 분리할 수 있다. 리그닌에서는 탄소섬유를 만드는 기술과 셀룰로오스에서는 알코올을 만드는 기술에 대한 연구가 진행되고 있다.

수피의 재자원화 수피의 이용은 극히 제한되어 있다. 수종에 따라서는 원예용으로 이용하거나 분쇄해서 산책길의 블록 재료로서의 이용하는 것 외에는 퇴비나 연료로 이용하고 있는 정도이다.

새로운 시도로 주목받는 것은 도시 빌딩의 옥상 정원의 인공토양으로 이용하는 시도이다. 수피가 갖고 있는 식물성장 억제작용이 빌딩이나 맨션의 옥상이나 실내와 같은 수목의 성장을 어느 정도 제약하는 것이 필요한 장소의 녹화에 도움이 되고 있다.

3. 해체재의 재자원화

건축 해체제의 배출량은? 건설폐기물은 일본에서 산업폐기물의 배출량(연간 약 3억 톤, 1990년도)의 대략 3분의 1, 즉 7,590만 톤이나 된다. 건설폐기물 중 목조주택의 해체에 의해 발생하는 목재 쓰레기는 연간 1,070만 m^3으로 추정된다. 이것을 중량으로 환산하면 589만 톤이 되며, 철근 골격·철근 건물의 해체에 따른 건설 목재 쓰레기를 합하면 717만 톤에 달한다. 이 중 골판지용 펄프 원료, 보드 원료 혹은 연료용으로 칩(chip)화 되어 효과적으로 이용하고 있는 것은 불과 20%, 140만 톤 정도에 불과하다.

이 내역을 보면, 펄프용 칩이 20%이고 나머지는 연료용 칩이다. 보드용 원료는 연료용 칩 중에서 양질의 것을 20%정도, 즉 대략 20만 톤을 사용하는 것에 불과하다. 이것은 파티클보드 공업에서 연간 사용 연료의 25%에 해당한다. 그러나 최근 기술적인 진보로 인해 보드 원료로의 전환율이 비약적으로 높아지고 있다.

건물의 해체와 해체재의 처리 해체재의 자원화가 늦어지고 있는 것은 건축물의 해체→해체재의 집하→재자원화라 하는 일련의 재활용 시스템이 충분히 확립되어 있지 않기 때문이다. 예를 들면, 건물의 해체는 동력삽 등을 사용한 기계해체가 주가 되고 있다. 기계해체는 일명 mince해체라고 한다. 이 해체방법에서는 이물질이 혼입된 혼합

폐기물이 되어 분별 수집이 곤란하게 되기 때문에 산업폐기물로서 매립되어 재활용할 수 없다. 이 때문에 소각 등 불법 투기의 대상이 되는 경우도 종종 있다.

반면에, 전통적인 수해체(手解體)는 분별 수집에는 최적이지만 시간과 노동력이 들기 때문에 경제성이 떨어진다. 이 때문에 현재 해체재를 칩화하고 있는 중간 처리 공장에서는 수해체와 기계해체를 조합한 기계 분별 해체를 도입하고 있다. 즉 문, 다다미, 유리창, 지붕 기와 등을 손으로 해체한 후에 기계해체하면서 나무 조각·철 조각을 분리한다. 덧붙여 말하면 목조주택의 경우, 분별해체를 철저히 하면 재자원화율을 70%까지 높일 수 있다고 알려져 있다.

해체재의 자원화 일반적으로 목질폐기물에는 토사, 철·비철금속, 유리, 시멘트 등 무기재료나 플라스틱, 종이 등의 다양한 이물질이 혼합되어 있다. 따라서 이것을 자원화하기 위해서는 이물질의 제거가 반드시 필요하다. 최근에는 물로 씻고 바람으로 고르는 스크린을 몇 단계 조합시킨 장치나 혹은 금속 탐지기를 이용하는 분리기술 개발을 진행하고 있다.

해체재를 자원화하기 위한 중간처리, 즉 칩(chip)화 공정을 그림 8-5에 나타내었다. 이 중 분별 수집된 기둥·대들보 등의 기둥 재는 못, 전선 등을 제거하고(그림 8-6) 칩퍼(chipper)로 절삭하여 칩으로 만든 뒤, 스크린이나 자기 선별기(그림 8-7)에 통과시켜 선별한다. 얻

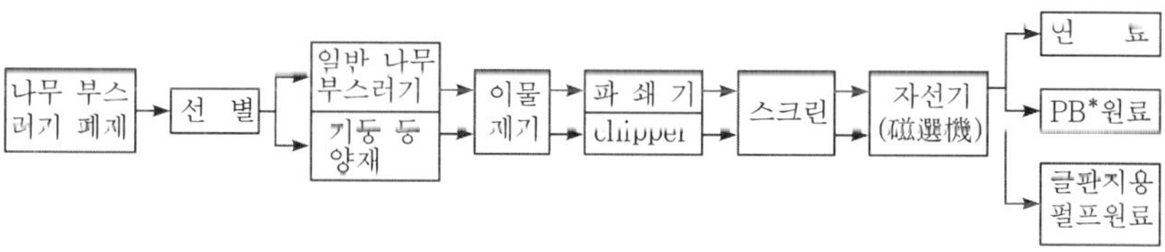

그림 8-5. 해체재의 chip화 공정

*: 파티클보드

어진 칩은 혼합된 이물질이 적고 비교적 양질이기 때문에 골판지용 chip으로서 사용된다.

그림 8-6. 해체 기둥재의 이물질 제거작업

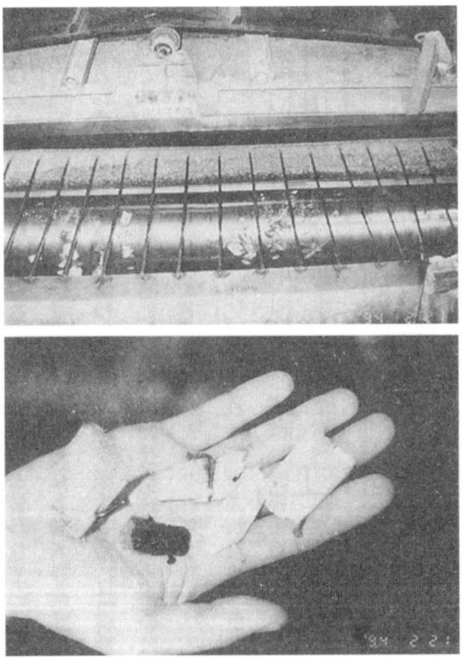

그림 8-7. 자기(磁氣)선별기에 의한 쇠못 제거

한편 벽이나 마루, 기반 등의 바닥재는 그림 8-8에 볼 수 있듯이 다양한 이물질이 섞여 있기 때문에 분쇄기(shredder)로 파쇄하고 자기 선별기와 스크린(그림 8-9)에 의해 선별한다. 칩은 그림 8-10에 볼 수 있듯이 아직 철 조각, 플라스틱 필름 부스러기 혹은 발포체 부스러기 등의 혼합률이 높고 일반적으로 연료용으로 이용된다. 이것을 파티클 보드의 원료로 사용하기 위해서는 자기 선별기 특수한 이물질 분리 장치나 금속 탐색기를 몇 단계나 조합시킨 라인이 필요하다.

일본 섬유판 공업협회가 보드 공업과 협력하고 개발한 이물 분리 장치를 한 예로 그림 8-11에 나타내었다. 이 장치는 진동과 기류를 조합시켜 목재보다 비중이 높은 금속류와 목재보다 비중이 낮은 발포 스티

그림 8-8. 다양한 이물이 혼합된 해체판재

그림 8-9. 해체판재 칩의 스크리닝

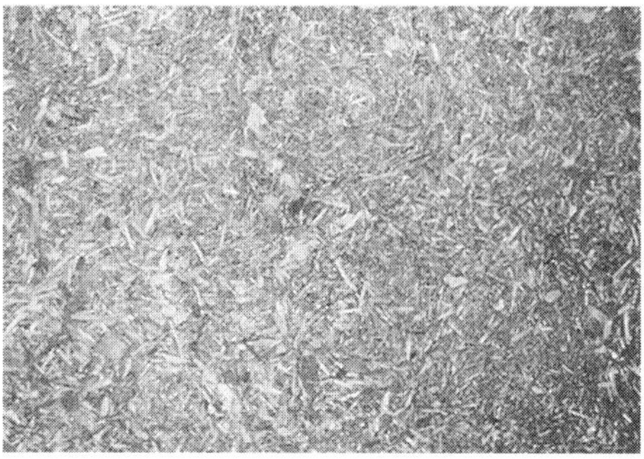

그림 8-10. 연료용 칩(이 단계에서는 아직 다양한 이물질이 많이 혼합되어 있다)

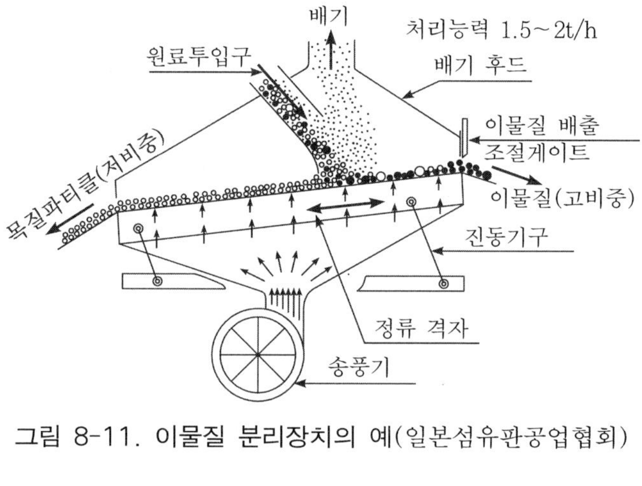

그림 8-11. 이물질 분리장치의 예(일본섬유판공업협회)

롤이나 분진을 분리・제거한다. 이 같은 연구에 의해 최근에는 연료용 칩의 80%정도까지 보드 원료로 전환할 수 있는 라인도 개발하고 있다.

현재, 해체재의 칩은 주로 파티클보드의 심층용 원료로 사용하고 있다. 일본에서 목질 보드류 전체의 원료소비량은 현재 약 200만 톤이다. 양적인 관점에서 재자원화율을 높임으로써 해체재만이라도 파티클보드의 제조를 위해 충분히 조달하는 것이 가능하게 된다. 특히 저질 칩의 효과적인 이용에는 파티클보드로의 전환이 바람직하다.

◈ 참고도서 ◈

1. 桑原一男「建設廢棄物を斬る」日報, 1992년
2. 「木質廢棄物再資源化技術開發事業報告書(1)發生・再利用實態調査事業」(財)日本住宅・木材技術センター, 1993년
3. 「木質廢棄物再資源化技術開發事業報告書(2)再資源化技術開發事」(財)日本住宅・木材技術センター, 1993년-1994년
4. 有馬孝礼 편저「再生活用 木質資源의 適正化 技術に關する研究, 1993년・綜合研究A・研究成果 報告書」1994년

제 9 장 목재의 재활용 시스템화

1. 재활용의 중요성

지구환경문제 산업혁명 이후, 선진국에 의한 대량생산, 대량소비, 대량폐기형의 산업시스템은 지구환경에 계속적인 피해를 주어, 이제 지구환경은 스스로의 자기복원력을 잃을 정도로 황폐화가 진행되고 있다. 다양한 지구환경문제 중에 지구온난화, 산성비, 폐기물 문제, 야생생물종의 감소, 열대림의 감소 등 삼림 및 산림에서 얻는 목재 자원과 관련된 문제는 적지 않다. 그리고 삼림의 보전과 재생 가능한 목재자원의 적절한 이용이 이들 문제의 대책으로서 큰 역할을 한다고 생각된다.

지구환경문제 중 지구온난화에 관하여 일본에서는 1990년 10월 23일「지구온난화 방지행동계획」을 정했다. 이 중에서 CO_2(이산화탄소)에 관한 목표로서 ① 국민 1인당 배출량을 2000년 이후에도 대체적으로 1990년 수준으로 안정화한다, ② CO_2 배출총량을 2000년 이후에는 대략 1990년 수준으로 안정화하도록 노력한다는 두 가지를 제시하고 있다. 또한 이것에 대하여 강구해야 하는 대책 중에서 ③ CO_2 배출이 적은 라이프스타일의 실현, 종이·캔·병 등의 재활용을 추진하는 동시에 재활용하기 쉬운 제품, 재생품의 개발·보급 등을 위한 시스템의 구축을 추진한다. 그리고 ④ 목재 자원의 효과적인 이용, 즉 간벌재의 이용촉진을 꾀하는 동시에 목재 제품의 내구화나 재이용, 재생지의 이용을 촉진하고 한 번 쓰고 버리는 형태의 이용을 줄이는 등 자원의 효과적인 이용을 종합적으로 추진한다.

삼림의 나무를 소중히 삼림의 보호를 위해 수목의 벌채를 금지해야 한다는 의견도 있을지 모르지만, 목재나 목재로 만들어진 종이는 우리 인간 생활에서 제외할 수 없는 것이 되었다. 게다가 지구온난화의 원인이 되는 온실효과 가스의 하나인 CO_2가 목재에 고정되어 있는 것을 고려하면, 오히려 목재를 이용해야만 하고 그것도 가능한 장기간 이용하는 것이 중요하다는 것을 알 수 있다.

즉 목재로 만들어진 제품을 가능한 장기간 사용하고 사용이 끝난 제품을 바로 폐기하는 것이 아니라 다른 제품의 원료로 하거나 다른 용도로 사용하는 다시 말해서 재활용이 필요하다고 생각된다.

목재는 제재, 판재, 삭편(wood particle)을 원료로 하는 보드류 섬유를 원료로 하는 종이 같은 원료 형태가 큰 것에서 작은 것까지 이용되고 있고 재활용하는 데 조건이 좋은 재료라 말 할 수 있다.

여기에서는 삼림에서 폐기에 이르기까지 목재의 흐름과 그 흐름에 관여하는 다양한 문제점, 그리고 목재 이외의 재활용도 참고하면서 목재의 재활용 시스템화를 생각해 보고자 한다.

재활용(recycle)이라는 것은 그럼 「리싸이클」이란 무엇인가? 「리싸이클」은 영어 「recycle」로서 순환과정, 주기라는 의미의 「cycle」에 다시 반복이라는 의미 「re」가 붙은 단어이다. 「recycle」에는 일련의 공정을 '반복하다', '순환처리하다', '폐기물을 재생이용하다' 라는 의미가 있다. 최근에는 3번째의 의미로 익숙해져 있으며, 여기에서 사용하는 것도 바로 이 의미이다. 또한 폐기하지 않고 다른 용도로 재활용(재사용, reuse)하는 것도 리싸이클에 포함된다고 생각된다.

자원의 리싸이클은

폐기물 → 자 원 → 활 용

으로서 최종 제품을 제조하는 과정에서 발생하거나 제품의 이용 후에 발생하는 폐기물을 다시 자원으로 활용하는 것이다. 예를 들면 19세기에 석유에서 등유를 정제하는 과정에서 나온 폐기물을 엔진의 연료로 재활용한 것이 가솔린의 시작이다.

폐기물을 리싸이클(재자원화)함으로써 폐기물의 최종 처분지가 되는 매립지의 감소를 지연시키고, 폐기물로 인한 환경오염을 없애는 동시에 자원의 절약도 되는 것이다. 폐기물을 재자원화해서 활용하기 위해서는 거기에 무언가의 에너지를 투입하여야 하며 재자원화의 과정에서 환경에 악영향을 줄 가능성도 있다. 이것은 재활용을 적용하는데 상당히 중요한 것이다. 즉 리싸이클을 위해 투입한 에너지(자원, 환경에 주는 악영향)가 리싸이클로 인해 절약된 에너지(자원, 환경에 주는 악영향)보다도 적지 않으면 리싸이클은 의미가 없어진다.

삼림의 감소와 재활용 세계의 삼림면적은 약 40억ha이고 그 중 절반이 열대림이다. 이 열대림이 매년 1700만ha씩 감소하고 있고, 이것은 지구환경문제의 하나가 되고 있다. 삼림을 보전해서 목재를 지속적으로 이용하기 위해서는 삼림의 성장량을 초과하여 나무를 베지 않는 것과, 나무를 벤 후에는 새로운 나무를 심는 식림을 하는 것이 중요하다. 이것을 위해 새로운 조림기술의 개발, 지역특성을 살린 임업 시스템의 개발, 목재 가공기술의 보급 등 자연과 공존하기 위한 새로운 기술개발이 필요하다.

목재의 이용량을 줄이지 않고 삼림의 벌채량을 억제하기 위해서는 벌채한 나무에서 얻는 목재를 가능한 장기간에 걸쳐 이용하고 큰 원료에서 작은 원료에 이르기까지의 재활용을 추구하며 최종적인 폐기에 이르기까지의 시간을 연장시켜야 한다. 이것은 동시에 CO_2를 장기간 고정하는 것도 된다.

2. 나무 쓰레기의 재활용

나무 쓰레기 목재의 가공이나 건축물의 신축·해체에 의해 발생하는 낡은 재목과 통나무 토막 등을 「나무 쓰레기」라 한다. 그럼 일본 내에서 나무 쓰레기는 어느 정도 발생하고 있는 것일까? 표 9-1은 나무 쓰레기의 발생을 대략 추정한 것이다. 나무 쓰레기 중에서도 목재공업에서 발생하는 나무 쓰레기는 혼합된 이물질이 적어 파티클보드 등의 보드 원료나 펄프용 chip, 연료로서 폭 넓게 재활용되고 있다. 수피는 주로 퇴비, 연료, 가축의 깔개 등에 이용되고 있지만, 발생이 분산적이고 혼합된 이물질, 수입재의 경우는 염분 함유 등의 문제가 있어 이용률이 그다지 높지 않다. 대부분은 소각처리 되어지는 것이 현실이지만, 펄프화나 탄화 등의 용도 개발이 진행되고 있다.

표 9-1. 연간 나무 쓰레기 발생량(대략적인 계산)

내 용	생산량(만 m^3)
목재공업	220
건축물해체	1,200
신축공사	400
콘크리트 거푸집	200
파 렛	300
기타(포장, 가구)	500
합 계	4,800

주택의 해체 목조주택을 해체하면 어느 정도의 나무 쓰레기가 발생하는 것일까? '주택산업 해체처리업 연락협의회'의 조사에 의하면, 한 채당 37.5m^3 발생한다. 이것은 한 채를 9.9m^2로 가정하면 1m^2당 0.378m^3가 되며 이것에 기초로 해서 1990년도의 경우를 계산하면, 전국에서 해체 면적은 2,831만 m^2이기 때문에 1,070만 m^3의 나무 쓰레

기가 발생한 것이 된다. 이것은 도쿄돔(Tokyo Dome, 124만 m^3〔역자주 : 일본 프로야구팀 요미우리 자이언츠의 홈구장)의 8.5배 이상이나 된다.

건축물의 해체에는 크게 사람 손에 의한 수 해체와 선별기 등에 의한 기계 해체로 나뉜다. 수해체에서는 목수가 조립한 역순으로 분해한다. 이 경우, 해체재를 충분히 분별할 수 있고 재활용할 수 있는 양이 증가한다. 그 대신 시간과 노동력이 필요하다. 반면, 기계 해체의 경우는 단시간에 간단히 해체할 수 있지만 대부분이 혼합폐기물이 되어 재활용률이 현저히 저하된다. 또 기계 해체와 수 해체를 조합한 방법도 있어 수작업이 증가하면 그 만큼 분별의 정도가 증가하게 된다. 목재의 재활용이라는 점에서 보면, 목재 이외의 폐기물과 분리된 단독 나무 쓰레기의 수집률이 높은 수 해체가 재활용에 있어서는 이상적인 해체 방법이라 말할 수 있다. 그런데, 실제 현장에서는 일손 부족, 경제적 문제, 시간적 문제로 기계 해체의 의존도가 높아서 혼합 폐기물의 비율이 증가하기 때문에 재활용할 수 있는 나무 쓰레기의 수집량이 감소하고 있다. 기계 해체를 하는 경우, '어디까지 수 해체로 접근할 수 있는가?'라는 해체기술 개선의 여지가 남아있다고 생각된다.

거푸집 합판 건설공사에서 발생하는 나무 쓰레기 중에서 콘크리트 거푸집 합판은 「열대림 문제」와 관련되어 있으며, 특히 재활용이 필요하다고 생각된다. 현재 상황은 합판의 품질 저하와 함께 평균 3회 정도로 사용횟수가 줄었고 사용 후에는 소각・매립에 의해 폐기되는 경우가 많다.

거푸집 합판의 재활용차원에서는 사용횟수의 향상증가와 사용 후의 처리 등 두 가지 점이 중요한 요소가 된다. 사용횟수의 향상에는 표면처리 합판의 사용이 효과적이라 알려져 있다. 표면 처리 방법의 개선에 의해 사용횟수의 향상을 기대할 수 있을 것이다. 사용 후의 처리에 대해서는 해체재와 함께 생각할 수 있다.

나무 쓰레기의 chip화 나무 쓰레기가 된 거푸집 합판이나 해체 목재 등을 연료·보드·종이의 원료용으로 chip 화하고 있는 업체는 일본 전국에서 약 80개 공장이라고 볼 수 있지만, 해체 목재를 중심으로 하는 나무 쓰레기 중 chip화하여 이용하고 있는 것은 약 20%로 추정하고 있다. 즉 대부분이 적절히 처리되지 않고 소각되거나 불법 매몰되고 있는 현실이다.

그러나 그 중에는 해체재, 거푸집 합판, 파렛, 포장재, 가구 등 모든 목질 폐재로 파티클보드를 제조하고 있는 공장도 있다.

나무 쓰레기를 이용하는 칩 공장에서 생산되는 칩은 파티클보드용이나 제지용으로 사용되지만 그 양은 20~30% 정도이고 나머지 대부분은 연료로 사용되고 있다. 또한, 파쇄시 칠재류는 자석 선별기로 선별할 수 있지만 동, 알루미늄, 플라스틱 등은 수작업으로만 제거하여야 하는 것이 현실이다.

나무 쓰레기의 재활용 나무 쓰레기를 제대로 재활용하기 위해서는 나무 쓰레기 칩의 이용 틀의 확대와 건설업체, 해체업체, 해체 처리업체 그리고 보드 제조업체나 제지업체 등의 chip 이용업체의 제휴 활동이 반드시 필요하다고 생각한다.

나무 쓰레기의 재활용에서, 가장 먼저 문제가 되는 것은 나무 쓰레기의 수집이다. 목재공업에서 발생하는 나무 쓰레기는 그 공장의 부제품으로 가공되는 경우가 많고, 그렇지 않은 경우라도 발생장소가 확실하고 발생량도 어느 정도 예측할 수 있기 때문에 수집 시스템을 확립하기가 쉽다고 생각된다.

그러나 해체재, 거푸집 합판, 파렛, 포장재 등은 발생장소, 발생량, 재질이 일정하지 않기 때문에 적절히 처리하는 것은 어렵다.

3. 종이의 재활용

종이의 재활용 목재의 재활용에 대해 생각하는 데에 있어서 종이를 빼고는 생각할 수 없을 것이다. 「종이는 문화의 지표」라고 말하며, 일본에서도〔역자 주 : 물론 우리나라에서도 마찬가지〕 그 소비량은 최근 증가되고 있다. OA(office automation)기기의 보급에 따라 paperless 시대가 올 것이라고 예상된 적도 있었지만, 실제로는 정보 처리량의 증대와 개인용 팩스나 워드프로세서 등의 보급에 의해 점점 더 OA용지의 사용량이 증가해 왔다. 표 9-2와 표 9-3은 세계의 종이 생산량과 국민 1인당의 종이 소비량을 나타내고 있다. 일본은 생산량에서는 2위, 1인당 소비량에서는 3위로 높은 수준에 위치하고 있는 것을 알 수 있다(역자 주 : 2001년 한국제지공업연합회 자료에 의하면, 우리나라의 종이 생산량은 8위, 1인당 종이 소비량에서는 21위).

표 9-2. 국민 1인 당의 종이 소비량(1989년)

순 위	국 명	소비량(kg/명)
1	미 국	303.9
2	스웨덴	229.1
3	일 본	222.7
4	캐나다	222.6
5	스위스	215.3
6	핀란드	212.0
7	구서독	209.7
8	덴마크	204.7
9	네덜란드	203.5
10	벨기에	197.9
	세계 평균	44.6

(자료 : 일본제지연합회)

표 9-3. 주요국의 종이 생산량(1989년)

순 위	국 명	생산량(만t)	비율(%)
1	미 국	6,953	229.8
2	일 본	2,681	11.5
3	캐나다	1,654	7.1
4	중 국	1,333	5.7
5	구서독	1,128	4.8
6	구소련	1,100	4.7
7	핀란드	875	3.8
8	스웨덴	836	3.6
9	프랑스	675	2.9
10	이탈리아	560	2.4
	계	17,795	76.3
	그 외	5,522	23.7
	세계 합계	23,317	100.0

(자료 : 일본제지연합회)

일본의 제지원료는 목재 펄프와 재활용 펄프가 각각 절반으로 목재 펄프 중의 약 40%가 일본산, 나머지는 수입재로 만들어진 것이다. 또한 일본산과 수입산도 약 40%가 공장 폐잔재를 이용하고 있다. 이것으로 볼 때 나무 쓰레기 이용과 종이의 재활용, 즉 폐지의 이용을 확대함으로써 삼림자원의 절약을 할 수 있다.

폐지의 회수와 이용 표 9-4, 표 9-5는 주요 국가의 폐지 회수율과 이용률을 나타낸 것이다. 일본에서 폐지 회수율은 거의 50% 수준에 달해 있고 세계 각국과 비교해도 높은 수준이다. 또한 그 이용률도 50%를 넘고 있다. 그림 9-1은 일본에서의 종이·판지 품종별 재활용 상황이다. 그 내용을 종류별로 보면 1989년에는 신문용지(95%)와 골판지 원지(76%) 등의 소비량은 높지만, 생산량이 많은 인쇄·정보용지는 38%로 낮아졌다. 즉 인쇄·정보용지의 회수율을 높일 수 있다

표 9-4. 폐지 회수율(1989년)

순위	국 명	회수율(%)
1	일 본	48.2
2	스 웨 덴	46.5
3	구 서 독	43.4
4	프 랑 스	34.4
5	미 국	32.9
6	구 소 련	29.3
7	캐 나 다	28.3
8	중 국	26.7
9	이탈리아	26.3
10	핀 란 드	24.0

(자료 : 일본제지연합회)

표 9-5. 폐지 이용률(1989년)

순위	국 명	이용률(%)
1	일 본	50.3
2	이탈리아	47.9
3	프 랑 스	45.7
4	구 서 독	45.3
5	미 국	27.0
6	구 소 련	26.2
7	중 국	25.1
8	스 웨 덴	11.5
9	캐 나 다	11.3
10	핀 란 드	4.7

(자료 : 일본제지연합회)

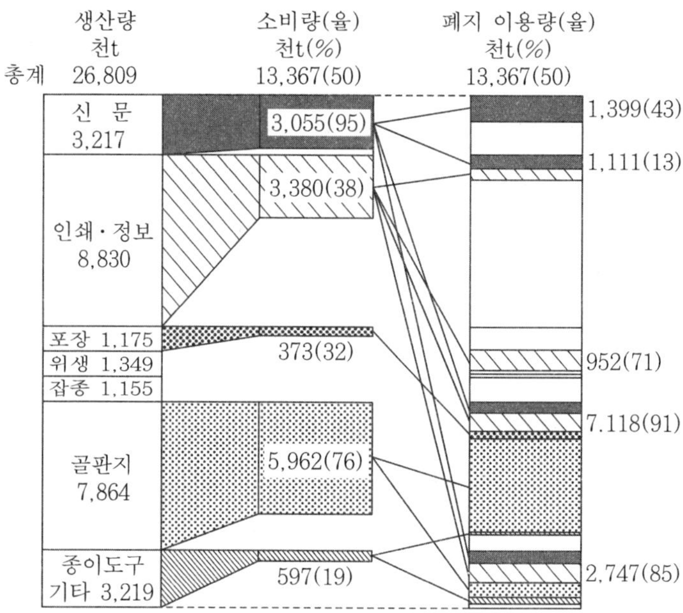

그림 9-1. 종이, 판지 품종별 폐지 재활용의 흐름(1989년)

(자료 : 일본종이펄프기술협회지, 제 45권 제 5호)

면 삼림자원의 절약과 최근 문제가 되고 있는 도시 쓰레기의 감량에 공헌할 수 있을 것이다. 사무실에서 발생하는 폐지 중 기밀문서는 종이 분쇄기(shredder)를 사용하기 때문에 체적이 증가하고 다른 특수용지가 섞여 버려 회수와 재생이 곤란하다. 그러나 최근에는 전문 업자가 기밀문서의 회수도 진행하고 있어 사무실의 폐지 회수율도 높아질 것이라 기대되고 있다.

폐지는 당연한 것이라고 생각하면서 이용하지 않는다면 회수해도 아무런 의미가 없다. 일본에서 폐지의 이용률은 약 50%이지만, 종류별로 보면 골판지 원지나 판지에서는 80~90%로 높고 신문용지에서는 40% 정도, 인쇄·정보용지에서는 10% 정도로 낮다. 신문용지의 경우엔 품질 관계로 폐지가 40% 정도밖에 배합되어 있지 않다. 그러나 인쇄·정보용지에서는 탈묵·표백의 기술이 발전하고 있기 때문에 폐지의 배합률을 높일 수 있다고 생각되고 있다.

폐지로 회수할 수 없는 화장실 휴지 등을 빼면, 약 66%를 회수할 수 있다고 한다. 1990년에 일본제지연합회는 1994년에 폐지 이용률을 55%로 높인다는 목표「재활용 55 계획」을 발표했다. 그러나 1993년의 폐지 이용률은 53.0%로 94년에 55%를 달성하는 것은 어려워 보인다.

재생지의 이용 폐지가 배합된 종이인 재생지가 소비자에 의해 사용되지 않으면 이 역시 재활용은 의미가 없다.

재생지의 이용 확대를 위해서는 소비자의 의식 보급·계몽사업 등을 하는 것이 필요하다고 생각된다. 재생지를 사용한 종이 제품에 그린마크(그림 9-2)를 표시한다는 폐지재생촉진센터가 1981년부터 시작한 그린마크사업도 그 중 하나이다. 또한 1989년부터 일본 환경협회가 시작한 환경마크(그림 9-2) 사업도 있다. 환경마크에 대해서는 환경보호에 도움되는 상품이라면 모두 환경마크 상품이 될 수 있고, 재생지 사용의 종이 제품도 그 안에 포함되어 있다.

그림 9-2. 그린마크(좌)와 환경마크(우)

재생지는 폐지 혼합지, 재생용 종이, refresh 종이라 칭하는 경우도 있지만, 지금은 「재생지」라는 호칭이 일반적이다. 소비자의 구매의욕이라는 점에서 생각하면 호칭을 바꾸는 것도 효과가 있지 않을까 생각한다.

최근에 폐지의 용도를 확대하는 연구가 활발히 진행되고 있고 포장용 자재, 건설용 자재, 농업용 자재, 연료, 가구, 흡착제, 애완용 자재, 문구, 완구 등 다양한 이용이 계속 개발되고 있다.

4. 목재 이외의 재활용

가정 쓰레기 등을 포함한 일반폐기물의 경우에 최근 지역활동, 자원봉사활동 등이 대단히 활발하며, 재자원화의 추진이 진행되고 있다. 주변의 예로써 스틸 캔, 알루미늄 캔 그리고 유리병을 들어 보면, 스틸 캔의 재 자원화율은 해마다 증가하고 있고 1991년도에는 50%를 넘고 있다. 그러나 최근은 철 조각의 가격이 낮아져서 약간의 문제도 발생하고 있다. 한편 알루미늄 캔의 경우, 재 자원화율은 40% 정도로 스틸 캔보다도 낮지만 재생하면 보크사이트〔역자 주 : bauxite, 알루미늄 원광〕로부터 정련(광석에서 금속으로 만드는 일)하는 것에 비해 3% 정도의 에너지 소비로 끝날 수 있어 재 자원화율 향상으로의 기대가 높아지고 있다. 또한 유리병 및 맥주병 등은 재사용되는 병

(returnable 병)으로 재 자원화율이 대단히 높다.

목재 이외 약간의 예를 들어 보았지만, 재활용하고 있는 자원 중에도 경제적인 문제로 불리한 것이나 종래부터 시스템화 되어 있는 것이 있다.

목재의 경우에도 폐지 가격의 하락에 의한 회수율의 저하가 우려되고 있다. 이 때문에 점점 재생지의 수요 확대가 필요하게 된다.

5. 재활용 시스템을 기능화하기 위해서는?

기술적으로 가능한 재활용 시스템도 사회적・경제적으로 성립하지 않으면 단순한 그림을 그린 것에 불과하다.

재활용을 진척시키기 위해서는 법제도가 필요하다고 생각되는데, 일본에서는 1991년에 「재생자원의 이용 촉진에 관한 법률」(재활용법)이 제정되고 「폐기물의 처리 및 청소에 관한 법률」(폐기물 처리법)이 개정(신 폐기물 처리법)되었다.

재활용법은 폐기물이 되기 전에 재생자원의 이용을 촉진하기 위해 주로 사업자에 대한 조치를 강화하고 있으며 신 폐기물 처리법은 지방공립단체에 의한 폐기물의 재생을 촉진하는 것으로 하고 있다.

재활용법에는 「관계자의 책무」로 아래와 같이 규정되어 있다.

사업자의 책무

① 제조업자가 재생자원을 원재료로 적극적으로 이용하고 재생자원을 이용한 제품 공급의 확대 등 재생자원을 이용하려고 노력한다.

② 제품이 사용된 후에 재활용이 용이하도록 구조・새질・세법 등의 연구와 사용 후의 제품을 분별 회수하기 용이하게 재질 등에 관한 표시를 한다.

③ 부산물을 재생자원으로서 이용한다.

소비자의 협력

① 재생지를 비롯하여 재생자원을 이용한 제품을 적극적으로 이용하고 재생자원의 수요를 확대한다.

② 재질표시 마크를 활용하여 분별 회수의 규칙을 지키는 등의 국・지방공립단체와 사업자의 재활용 추진을 위한 대처에 협력한다.

국・지방공립단체의 조치

① 국가는 재생자원의 이용을 촉진하기 위해 필요한 자금의 확보하고 그 외의 조치를 강구한다.

② 국가는 재생자원의 이용 촉진을 위한 과학기술의 진흥에 노력한다.

③ 국가는 재생자원의 이용 촉진에 관한 국민의 이해를 도모하고, 협력을 요청하고자 노력하며, 국가의 시책에 준해서 적극적으로 재생자원의 이용을 촉진하려고 노력한다.

이것으로부터 국・지방공립단체, 소비자 3자의 노력이 필요한 것을 알 수 있다.

6. 능동적인 재활용으로

목재 재활용의 주요한 흐름에 대해 정리하면 그림 9-3과 같다.

목재 폐기물나 폐지의 이용방법을 생각하는 것은 어디까지나 수동적이라 할 수 있다. 그러나 효율적으로 재활용하기 위해서는 건축이나 제품 제조의 단계에서 해체나 폐기단계에서의 재활용을 고려하는 것이 중요하다. 즉 해체 후의 재활용에 유리한 건축방법의 개발이나 보

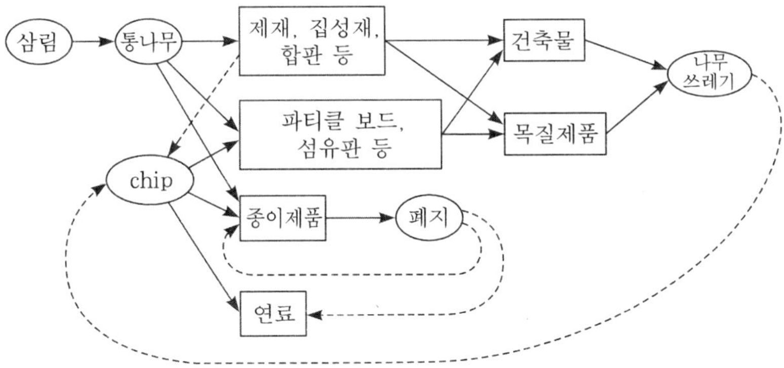

그림 9-3. 목재 재활용의 흐름(점선은 재자원화를 나타낸다)

다 재활용에 적합한 제품으로의 개선이 이루어져 보다 능동적인 재활용 시스템을 확립하는 것이 중요하다.

생산에서 사용, 폐기에 이르기까지 환경에 부담이 적은 환경재료인 목재가 잘 설계된 재활용 시스템 속에서 이용되어 갈 때, 목재는 다른 어떤 재료에도 뒤지지 않는 궁극적인 환경재료가 될 수 있을 것이라 생각한다.

◈ 참고도서 ◈

1. 「公害と對策」 제 26권 15호, 1990년
2. 本州製紙再生紙 開發チーム 편저 「紙の再生活用100の知識」 東京書籍, 1991년
3. 資源素材學會資源リサイクル部門委員會 「資源リサイクリング」 日刊工業新聞社, 1991년
4. 環境廳 再生活用研究會 편 「再生活用新時代」 中央法規, 1991년
5. 「紙パルプ技協誌」 제45권 5호, 1991년
6. 浜田宗男 「木材工業」 제46권 3호, 1991년
7. 桑原一男 「住宅と木材」 제15권 179호, 1992년
8. Green Japan Center 편 「最新再生活用キーワード」 經濟調査會, 1993년

9. 村田德治「最新再生活用技術の實際」ohm社, 1993년
10. 秋山倭夫「木材工業」제48권 2호, 1993년
11. 小林紀之「木材工業」제48권 3호, 1993년
12. 有馬孝禮「木質廢棄物의 現狀と今後の課題」日本木材學會 北海島支部, 1993년
13.「紙パルプ技術タイムス」제37권 6호, 1994년

찾 아 보 기

[아]

[자]

[차]

[카]

[타]

[파]

[하]

「교토대학 공개강좌」에 대해서

교토(京都)대학의 농업생명과학대학 임산공학과와 목질과학연구소〔역자 주 : 생존권연구소로 개명〕에서는 매년 일반 시민을 대상으로서 목재에 관련된 화제를, 그 시대의 과학이나 기술 개발에 발맞춰 알기 쉽게 해설하는 「공개강좌」를 개최하고 있다. 1994년에 제 13회를 맞이하였으며, 최근 6년간의 강연 제목과 강연자를 소개하고 싶다. 참고가 된다면 강좌의 참가를 추천하고 싶다. 문의는 교토대학 농업생명과학대학 임산공학과(〒606-01 京都市 左京區 北白川追分町 Tel 075-753-6230) 혹은 교토대학 목질과학연구소(〒611 宇治市 五ケ庄 Tel 0774-32-3111)로 하면 된다.

●나무의 문화와 과학(1988년)

고대 사람들과 나무와의 연관	목재연구소*	伊東 隆夫
종이의 역사와 목재	농생대 임산공학과	村上 浩二
생활 속에서의 나무 사용법	목재연구소*	野村 隆哉
나무에서 재료의 원점을 발견	농생대 임산공학과	佐道 健
목재에서의 매력 있는 복합재료와 미래재료	농생대 임산공학과	白石 信夫

●나무의 문화와 과학 - 나무를 즐기다(1989년)

극소의 구조와 조형미	농생대 임산공학과	藤田 稔
염색 나무와 조형	목재연구소*	野村 隆哉
삼림의 활동	농생대 연습림	和田 茂彦
소나무류와 그 역사	농생대 연습림	大畠 誠一
마른 소나무 - 소나무 해충	농생대 연습림	古野 東州

(* : 현재 목질과학연구소)

●하이테크(high-tech)시대의 목재(1990년)

새로운 숲 기르는 방법	농생대 연습림	赤井 龍男
목재의 구조와 역할	농생대 임산공학과	藤田 稔
나무를 먹는 벌레	목질과학 연구소	今村 裕嗣

과거의 종이와 현재의 종이	농생대 임산공학과	村上 浩二
새로운 목재·그 건물	목질과학연구소	川井 秀一
나무를 녹이다	농생대 임산공학과	吉岡まり子
나무의 영향-Stradivarius에게 도전	농생대 임산공학과	湊 和也

●사람과 나무의 연관-고대에서 미래로(1991년)

분자의 세계에서 목재를 보다-분자 시뮬레이션	목질과학연구소	田中 文夫
나무를 활용하다-수피 성분의 이용	농생대 임산공학과	河本 晴雄
나무를 오래 쓰게 하다-나무의 보존	목질과학연구소	高橋 旨象
흰개미를 탐지하다-목재의 AE(음향방사)모니터링	농생대 임산공학과	野口 昌巳
나무가 사람을 지키다-삼림의 환경정화작용	농생대 임산공학과	片山 幸士
나무를 휘다-목재의 물리	목질과학 연구소	師岡 敏朗
나무를 느끼다-목 질감의 과학	농생대 임산공학과	仲村 匡司
수종을 분별하다	목질과학연구소	林 昭三

●나무를 만들다-보다 좋은 환경을 바라며(1992년)

나무의 세포가 커지는 과정	목질과학연구소	林 隆久
세계의 나무, 일본의 나무	농생대 임산공학과	佐伯 浩
목질부터의 신기능성 재료	농생대 임산공학과	岡村 圭造
생분해성 플라스틱을 만들다	농생대 임산공학과	白石 信夫
나무와 환경의 쾌적성	농생대 임산공학과	增田 稔
목질환경과의 연관 방법	목질과학연구소	野村 隆哉
불에 강한 목조주택을 만들다	목질과학연구소	石原 茂久

●목재와 환경-환경재료로의 초대(1993년)

자연계에 있는 탄소의 순환과 목재	목질과학연구소	桑原 正章
수목은 CO_2 고정 장치	목질과학연구소	馬場 啓一
나무가 만들어지는 과정	농생대 임산공학과	高部 圭司
목재를 구성하는 분자	농생대 임산공학과	中坪 文明
"천연복합재료 : 목재"의 eco-material특성	농생대 임산공학과	坂 志朗
Super Wood	목질과학연구소	則元 京
나무의 자연 순환계와 흰개미	목질과학연구소	吉村 剛
목재의 재활용 시스템화	농생대 임산공학과	澤田 豊

저자들의 연구 분야 소개

川井 秀一(교토대학 목질과학연구소 조교수)

증기 분사식 연속 프레스(press)를 응용한 단판 적층재나 봉 목재의 생산기술 등, 새로운 목질재료 및 그 생산기술·기계의 개발연구.

桑原 正章(교토대학 목질과학연구소 교수)

미생물에 의해 목재 성분으로부터 에너지 물질이나 화학원료 등으로의 변환. 버섯 이용. 미생물의 리그닌 분해효소와 그 유전자의 해석.

坂 志朗(교토대학 농업생명과학대학 조교수)

화학처리나 다른 재료와의 복합화에 의한 목질 소재의 성능향상과 신 기능의 발견에 관한 화학 및 화학가공의 연구.

澤田 豊(교토대학 농업생명과학대학 조수)

빛 절단법에 의한 물체의 3차원형상의 자동계측 시스템의 개발. 고강도를 가진 대나무재를 목질재료 원료로 이용.

高部 圭司(교토대학 농업생명과학대학 조수)

목재 세포벽 성분인 셀룰로오스, 헤미셀룰로오스, 리그닌의 세포 속에서의 합성 메커니즘 연구.

中坪 文明(교토대학 농업생명과학대학 조교수)

목재성분의 구조와 기능창생, 특히 무공해 펄프화와 무염소 표백, 셀룰로오스(cellulose)의 화학합성, 목재 당질 액정의 구조와 기능, 식물성 탄닌의 기능 등.

則元 京(교토대학 목질과학연구소 교수)

목재의 물리적 성질, 특히 목재의 유전성이나 유동학, 목재의 물리·화학가공, 목재의 음향적 성질, 목재의 거주성 등.

馬場 啓一(교토대학 목질과학연구소 조수)

해당 재료의 형성 과정이나 수체 내에 있는 질소전류의 과정의 조직 수준·분자 수준에서의 해명.

吉村　剛(교토대학 목질과학연구소 조수)

흰개미 소화관 내의 공생 원생동물에 의한 셀룰로오스 분해의 기구, 흰개미에 의한 메탄 발생기구. 흰개미의 길잡이 pheromone.

번역자 소개

김현중(金顯中, Hyun-Joong Kim)

서울대학교 농업생명과학대학 산림과학부 환경재료과학전공(바이오복합재료 및 접착과학 연구실) 부교수

東京大學 生物材料學科(高分子材料化學) 박사

Virginia Polytechnic Institute & State University, Center for Adhesives and Sealant Science, 화학과(표면분석 연구실), 박사 후 연구원(1995년 8월~1996년 8월)

State University of New York at Stony Brook, 재료공학과(고분자나노구조 연구실) 미국과학재단(NSF), Center for Polymer at Engineered Interfaces, 연구조교수 및 책임연구원(1996년 8월~1999년 8월)

Brookhaven National Laboratory, 물리학과(HFBR Scientific Program) 겸임연구원 (1996년 9월~1998년 8월)

International Journal Adhesion & Adhesives(Elsevier), Editorial Board Member (2000년 1월~현재)

Journal of Adhesion Science & Technology(VSP), Editorial Board Member (2006년 1월~현재)

Adhesion in China, Editorial Board Member(2002년 1월~현재)

Research Journal of Chemistry and Environment, Associate Editor(2003년 9월~현재)

World Congress on Adhesion Related Phenomena(WCARP, 세계접착학회) IOC 국제조직위원(2001년 2월~현재)

Asian Conference on Adhesion(아시아접착학회), 공동조직위원장(2004년 10월~현재)

International Congress of Chemistry & Environment, Fellow Member(2003년 9월~현재)

ISO TC-35(Paints and Varnishes), 국제규격제정위원회, 한국대표(2004년 6월~현재)

ISO TC-156 (Indoor Air Quality), 국제규격제정위원회, 한국대표(2004년 9월~12월)

(사)한국접착 및 계면학회, 국제협력위원장, 총무이사(2000년 4월~2005년 12월)

(사)한국접착 및 계면학회, 편집부위원장(2000년 4월~현재)

(사)한국접착 및 계면학회, 전무이사(2006년 1월~현재)

한국목재공학회, 편집부위원장, 상임이사(2002년 4월~현재)

(재)서울대학교 산학협력재단, 전문위원, 본부장(2003년 3월~2006년 8월)

(재)서울대학교 산학협력재단, 부단장(2006년 9월~2007년 2월)

(사)한국건강주택협회, 편집위원장(2005년 1월~현재)

신뢰성평가사업 화학소재위원회(산업자원부), 기술위원(2001년 7월~현재)

BK21 임산공학 연구인력 양성사업팀(교육인적자원부), 사업팀장(2003년 4월~현재)

연구 분야 : 바이오복합재료, 접착과학, 도료물성, 실내공기질(IAQ)화학
홈페이지 : www.adhesion.org
e-mail : hjokim@snu.ac.kr

이동흡(李東洽, Dong-Heub Lee)

국립산림과학원 임산공학부 목재가공과 목재보존연구실장/임업연구관
京都大學 林産工學科(木材保存學 專攻) 박사
일본 교토대학 목재연구소 연구원(1985년 10월~1986년 3월)
동국대학교 산림자원학과 강사(1993년~1997년)
동국대학교 산림자원학과 겸임교수(1998년~2001년)
한국과학기술연구원 무기화학분야 위촉책임연구원(1997년~2001년)
올림픽공원 미술품보존 전문위원(1994년~현재)
(사)목재문화포럼, 지구환경분과위원장(2003년 7월~현재)
한국목조건축연구포럼, 총무이사 및 편집위원장(2000년~현재)
주요저서 : 방부목재가이드(2004년 12월, 산림청)
· 흰개미의 생태와 방제(2003년 10월, 국립산림과학원)
· 목재교실이 교육을 살린다(2005년 3월, 목재문화포럼)
· 조경실무자료집(2005년 대한전문건설협회)
· 문화재 기능인의 맥(2004년 문화재기능인 협회)
연구 분야 : 목재보존, 목질환경과 인간관계
· 목재가 인간의 신체발달과 정서에 미치는 영향
· 목재사용 목재의 내구성 증진
· 목조건축물의 생물피해 진단 및 방제방법
· 간벌재이용 토목공법
e-mail : dhlee99@foa.go.kr

목 재 와 환 경

2007년 4월 10일 초판 1쇄 발행 정가 12,000원

편 자 桑原 正章

역 자 김 현 중 · 이 동 흡

발 행 자 양 희 돌

경기도 고양시 일산서구 덕이동 408-4

발행처 **선 진 문 화 사**

〈등록 제410-2005-000040호〉

ISBN 978-89-7392-249-9 92570

☎ (031)925-8237·8238, FAX 925-8239